U0070552

c a f e j a n g s s a m ' s b e s t d e s s e r t

磅蛋糕

剖面全圖解

張恩英◎著

PROLOGUE

《達克瓦茲》在台灣出版後，已經過了快兩年的時間。我以前覺得出書是只有那些資歷很深或很有名的人才能做的事。因此，當我在寫第一本書時充滿了擔心，當時腦中最常出現：「我有什麼資格可以寫書呢？……」不過《達克瓦茲》一書的出版改變了我的想法。我只是將自己知道的寫進書裡而已，卻看到讀者們反應這麼熱烈，也讓我能再次鼓起勇氣出書。

我自己非常喜歡磅蛋糕。奶油、砂糖、蛋、麵粉，只要這四種簡單的材料就能製作出來，再加上裝飾就能打造出外觀多變的作品。不用複雜的工具，料理初學者也可以輕鬆駕馭！早上出門時，可以放一兩片磅蛋糕在包包裡當早餐或點心。在值得慶祝的特別日子裡，用磅蛋糕來辦場派對也毫不遜色！或是窩在小咖啡廳的角落來杯咖啡或茶也很美味。在烘焙課程和我的咖啡廳裡，磅蛋糕的人氣一直居高不下，也因此讓我更想把這些磅蛋糕的烘焙技巧寫成書，跟更多人分享。

最近的我在開發甜點時遇到瓶頸，也懷疑這些問題是不是真的有正確答案。坦白說，我不知道。我想，如果事先知道答案，做起來也許比較輕鬆，卻會失去過程中的樂趣吧！於是我開始相信：「就是因為沒有正確答案，我才會越研究遇到越多瓶頸，不過隨著累積更多豐富的經驗，我感受到的樂趣也更多！」

我改變自己的想法，也努力打破身為甜點師長期以來的習慣和框架。過去認為理所當然的事，我也開始一一反問自己為什麼一定要這樣做？因此在寫這本書時，我認為讀者不是一定要完全照著書的步驟才是對的，而是期盼能和讀者們一起用更具包容性的心態，突破自己的想像：「可以這樣做，也可以試試其他不一樣的方法。」

希望翻開這本書的你，不要只是照本宣科，還可以嘗試許多做法、自由添加各樣食材。即使一開始成品亂七八糟，也相信你能跟我一樣，在失敗過程中找到樂趣、打造出自己獨特的食譜，從一道食譜延伸出十個、一百個不同的成品。

許多學生都會問我:「看書就夠了嗎？」我的答案是:「不夠的。」烘焙世界那麼遼闊，怎麼有辦法將一切內容囊括進一本書裡呢？就算親自上過烘焙課也不一定夠。我認為自己更多嘗試親手實作才是最重要的，在過程中你可以找到那難以用文字說明的手感。想要做出擁有個人風格的作品，就不能因為害怕失敗而不敢開始嘗試。無論是過去的我，還是現在的我，也經常發生失誤。希望各位不只是用眼睛讀完這本書，而是能攤開此書、不斷嘗試，最好能把書翻得皺巴巴、噴得到處都是麵粉的痕跡。

我總是說我很忙而不小心沒遵守截稿時間，很感謝出版社的大家用深厚的愛來包容我，也十分感謝攝影師和食物造型師讓我的蛋糕寶貝們能呈現得如此美麗。此外，也感謝偶爾會吵吵架，但總是為我打氣、幫助我的家人們。最後，也想感謝期待這本書出版的眾多學員，雖然我有很多不足，你們卻開心地叫我「老師」，真心感謝你們！我們要一直一直開開心心地烘焙下去喔！

張恩英

Contents

Class 02.
基本技法延伸運用

Class 03.
融化奶油磅蛋糕

Class 04.
蛋白霜磅蛋糕

Class 05.
植物油磅蛋糕

Class 06.
派對・特色磅蛋糕

特別收錄 SPECIAL CLASS

基礎烘焙課

在進入食譜之前，先一起了解基本概念、理論、必備食材及工具，本章從各類烤模的使用、如何裝填麵糊，到出爐後的保存方法等，都有詳盡的介紹。開始烘焙前，請務必熟讀本章。

01.

認識磅蛋糕

一般我們說的磅蛋糕 pound cake，是指將奶油、砂糖、蛋、麵粉以 1：1：1：1 的比例烘烤而成的奶油蛋糕。最傳統的基本配方，是使用各 1 磅（454g）的奶油、砂糖、蛋、麵粉，因此英文叫做「磅蛋糕 pound cake」，法文則是「4 個四分之一 Quatre-Quarts」。

除了磅蛋糕之外，大多數的奶油蛋糕像是瑪德蓮、費南雪……等，也都是從磅蛋糕延伸發展而來。以磅蛋糕的配方比例為基本，稍微增減調整食材配方的比例或是添加其他食材，就能打造出擁有多樣化特色的蛋糕。

製作磅蛋糕時有兩個重點：一、要充分打發奶油，讓奶油包覆大量空氣，充滿小氣泡。二、為了避免奶油和蛋分離，要將奶油和蛋充分攪拌到質地變得光滑。

磅蛋糕奶油含量較多，能讓蛋糕長時間保持濕潤狀態，也很方便攜帶食用。因此磅蛋糕又被稱為「gateau de voyage」，意思為「旅人蛋糕」。

02.

食材和工具

－食材－

雞蛋

本書使用一顆約 55g 的雞蛋。用在蛋白霜的蛋白，會以冷藏狀態使用，而加入磅蛋糕麵糊的蛋，一般會退冰至常溫再使用。

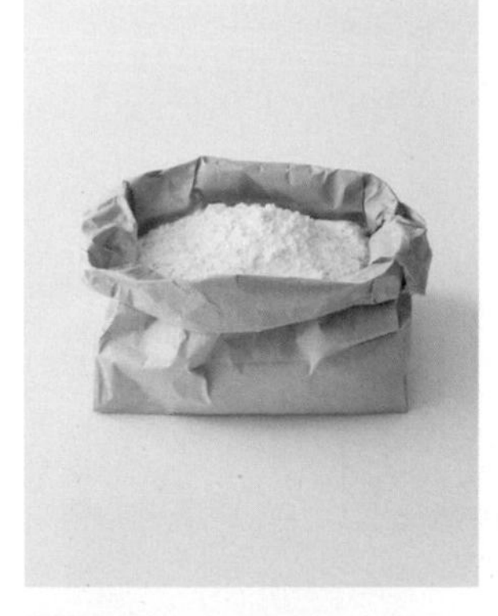

麵粉

依蛋白質含量多寡，分為高筋、中筋和低筋三種。酥脆點心會用低筋麵粉，若想讓口感厚實有嚼勁，可用高筋麵粉。

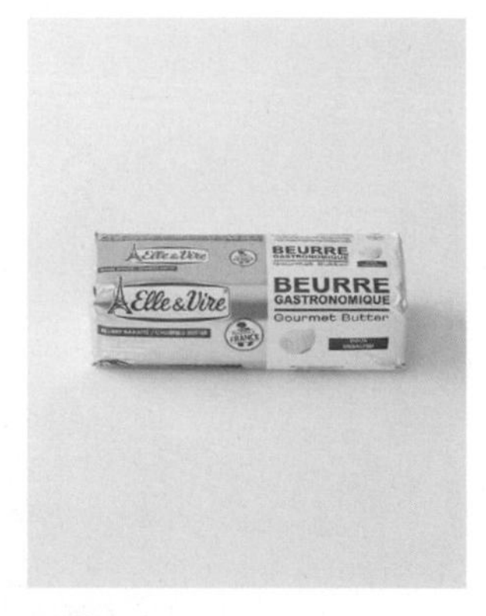

奶油

烘焙一般都使用無鹽奶油。磅蛋糕的奶油比例高，建議用品質好的產品。本書使用法國愛樂薇（Elle&Vire）無鹽發酵奶油。

細砂糖、糖粉

細砂糖可以增甜，還能延長保存時間並呈現烤色。一般常用白色的細砂糖，有時也會選用更香、含水量更多的二號砂糖或黑糖。糖粉由細砂糖磨成，可短時間打發，但較容易凝固，一打發就要儘速密封保存。

泡打粉

泡打粉能夠讓麵團變得蓬鬆。在製作磅蛋糕時，泡打粉並非必要材料，可加可不加。不過，在粉狀食材較多或含水量較少的食譜中，建議要加入泡打粉才能讓麵糊充分膨脹。

香草莢

香草莢大致上可分為馬達加斯加產和大溪地產兩種，馬達加斯加香草莢會略帶樹木的香氣，大溪地香草莢則有較濃郁的花香。保存香草莢時，建議可用保鮮膜包好後冷凍保存，要使用時再放進微波爐稍微加熱，這樣可以更輕鬆地刮出香草籽，香味也會更加濃郁。

利口酒

在白蘭地中添加香料、糖和色素製成，有助於帶出甜味和香氣。市面上有各種品牌、香味，挑選出適合的利口酒即可。

杏仁粉

本書使用的是不含麵粉的100% 純杏仁粉。若直接將杏仁研磨後過篩，就可在最新鮮的狀態下使用。杏仁粉能讓磅蛋糕香氣更濃郁，口感更濕潤。

杏仁膏

由杏仁和細砂糖研磨成的麵糊狀製品。一般杏仁膏杏仁含量少，因此本書選用德國呂貝克（Lubeca）杏仁膏。杏仁膏能增加厚實口感和濃郁香氣。

牛奶、鮮奶油、酸奶油

若想讓磅蛋糕口感濕潤，可在麵糊裡加牛奶增添水分。若想做出更厚實、濕潤的口感，則可添加鮮奶油或酸奶油。酸奶油也可用原味優格代替。

－工具－

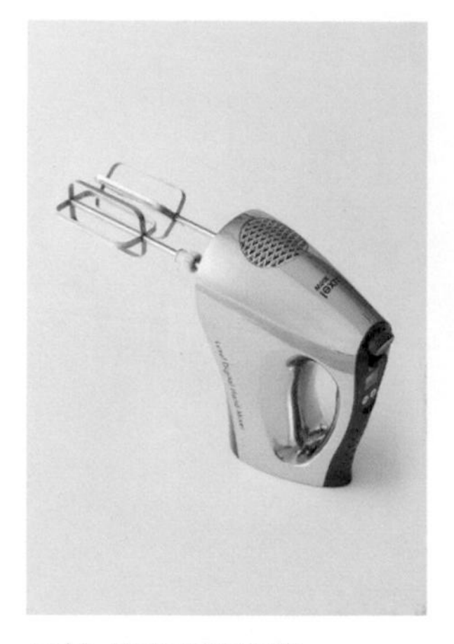

手持式電動攪拌機

打發雞蛋或混合麵糊時使用。攪拌機可以分段調整速度，使用起來很方便、實用性強。

刮刀、打蛋器

用來將食材攪拌均勻。製作磅蛋糕時會需要用到將粉類攪拌均勻的工具，建議挑選較堅固的產品。

電子秤

為了精準測量，建議使用最小單位低於 1g 的烘焙用電子秤。若最大秤重只到 1kg，不利於大量製作，建議最大秤重要到 2kg 以上，食材量大時才不會受限。

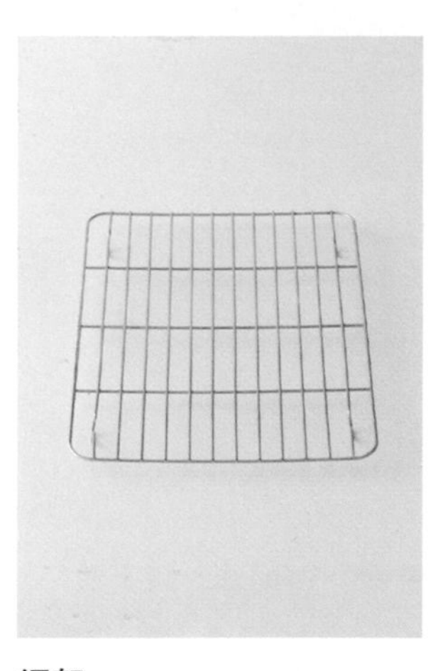

網架

磅蛋糕出爐、脫模後，可置於網架上冷卻。

不鏽鋼調理盆

在攪拌麵糊或打發奶油時會用到不鏽鋼調理盆。市面上有各種大小，可按照食譜和食材份量的需求選擇調理盆的尺寸。

烘焙紙

製作磅蛋糕時，一般在裝填麵糊前，會先剪出適合大小的烘焙紙放進烤模。鋪有烘焙紙的烤模，在蛋糕出爐後更容易脫模。

－模具和烤模－

矽膠模

相較於其他烤模，矽膠模的特點是不需另外塗上奶油，也能輕鬆將蛋糕跟烤模分離，因此近來有越來越多人選用。使用後務必將矽膠模清洗乾淨，放在烤箱烘乾再密封保存，以防止灰塵堆積。

磅蛋糕模

長方形烤模是磅蛋糕最常使用的基本烤模，一般會先鋪上烘焙紙或塗抹奶油後使用，方便脱模。本書主要使用 15×8×6.5cm 的長方形烤模。

可填餡長形蛋糕模

烤模裡有管子，可以將麵團中間隔出一個圓形孔洞。孔洞內可填入甘納許、果醬或奶油等內餡，成品的切面富有趣味感。

圓形塔模

想做圓形磅蛋糕時可使用圓形塔模。烤完後將蛋糕倒放，讓底部比上面寬。可參考本書的無花果薰衣草磅蛋糕（見 P76）。

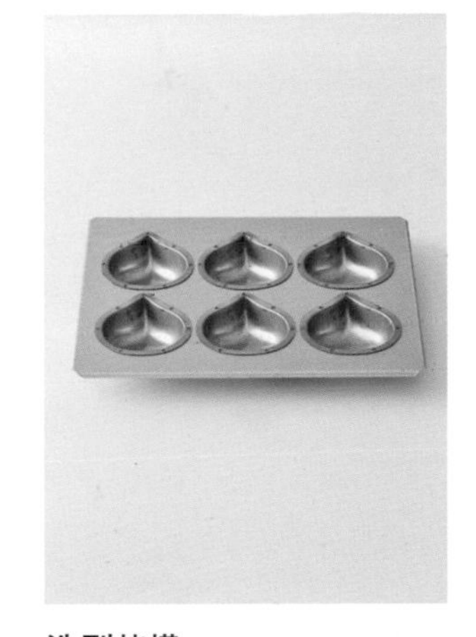

造型烤模

本書使用栗子形的造型烤模，烤模內側有矽膠層，因此不需要另外塗抹奶油。烤完後可乾淨俐落地脱膜，非常方便。

03.

準備烤模

裝填麵糊前，先在烤模內側塗奶油或鋪烘焙紙才容易脫模。奶油有兩種塗抹方法：1. 在烤模內側抹上薄薄的奶油，撒上過篩麵粉後輕輕刷過，即可形成一層薄膜。2. 將室溫奶油和高筋麵粉以 5：1 比例混合，用刷子塗抹內側，本書使用此方法。

塗抹長方形烤模內側每個面

1

2

1 用刷子塗抹烤模內側。

Point. 塗抹奶油前請先放在室溫下軟化，直到用手指輕輕按壓，容易有凹陷仍保有微涼的狀態。

2 塗抹底部和內側時，要均勻抹上一層薄薄的奶油。

Point. 若使用融化奶油塗抹，奶油可能會跟部分麵糊結合，建議使用室溫奶油。

| 塗抹長方形烤模四邊側面

1 使用刷子塗抹烤模側面。

Point. 遇到類似本書焦糖蘋果磅蛋糕（見 P90）的做法時（在烤模底部鋪上燉蘋果），只需在烤模側面塗抹奶油。

2 烤模底部不需塗抹，只需塗抹烤模側面即可。

Point. 為避免奶油量過多而跟麵糊混在一起，適量塗抹即可。

| 塗抹可填餡長形蛋糕模內側

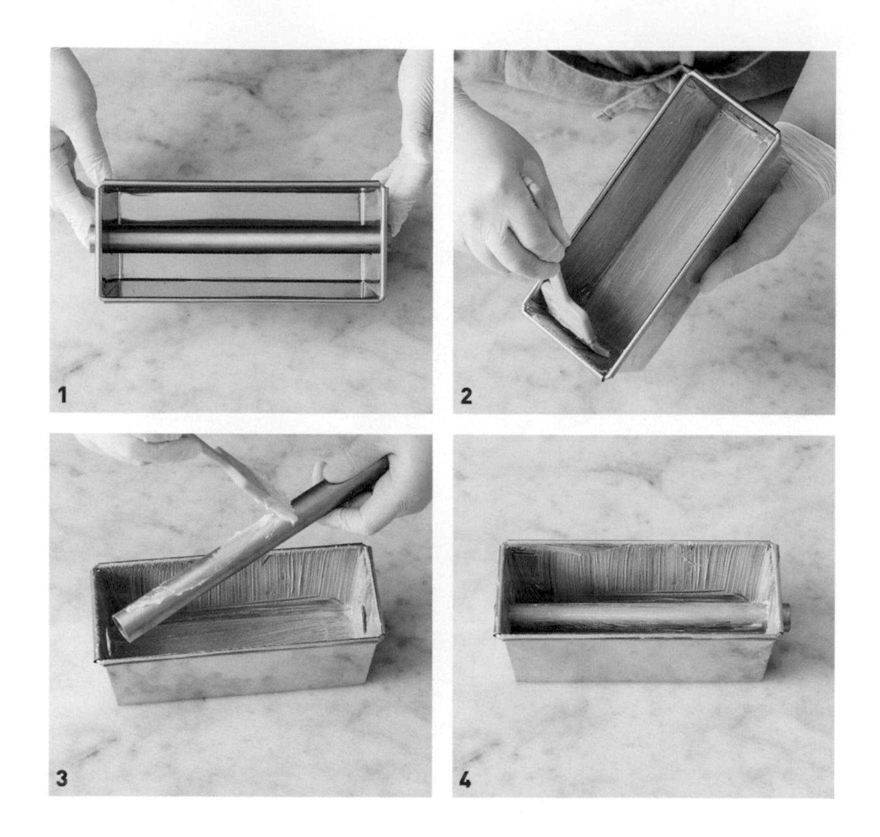

1 可填餡長形蛋糕模中間有管子，塗抹奶油前要先旋轉拔起。

Point. 使用可填餡長形蛋糕模烘焙時，烤出的蛋糕是空心的，可填入甘納許、果醬等內餡。

2 塗抹烤模的底部和內側時，均勻抹上薄薄一層室溫奶油。

3 在管子表面也塗滿室溫奶油。

Point. 管子若沒有塗抹奶油，烤完蛋糕要脫模時可能會黏住蛋糕體、不容易脫模。

4 將管子塗抹完奶油後，再重新插回烤模內部。

鋪烘焙紙

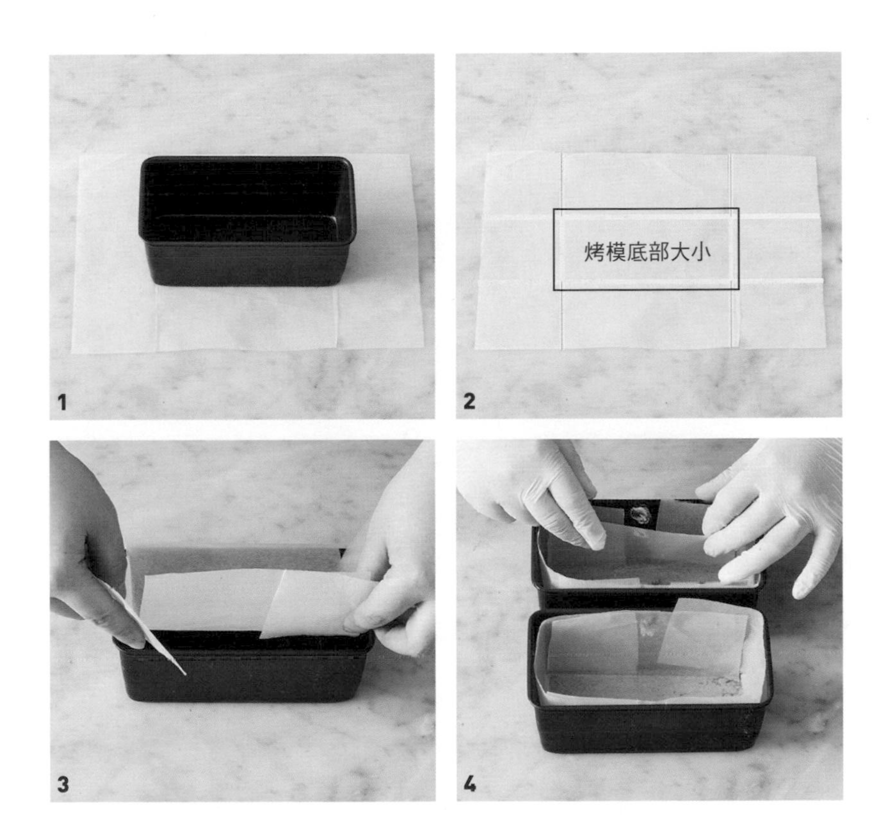

1 將要使用的磅蛋糕烤模放在烘焙紙上方，測量烤模高度後剪裁烘焙紙。

2 摺線時要比烤模底部面積再小一點（如圖 2 黃線處），最後將紅色虛線處剪開，摺起黃線部分。

3 剪開後，將烘焙紙摺好放進烤模。

4 取一點麵糊將烘焙紙固定在烤模上，可預防裝填麵糊時烘焙紙移動，非常方便。

Point. 若烤模內側已經塗抹奶油，就不需另外鋪烘焙紙。

04.

做出完美裂痕

很多人喜歡讓磅蛋糕表面蓬鬆、中間有一道完美裂痕。之所以出現裂痕，是因為烤箱熱氣會讓磅蛋糕從麵糊表層開始烤熟，這時麵糊內的蒸氣就會尋找釋放空間，讓最慢熟的中間位置膨脹。

每次烘烤時裂痕不一定都剛好在正中間，讓注重外觀的烘焙朋友非常煩惱。下面列出一些解決方法供各位參考，省略這些步驟也不會影響磅蛋糕的製作。

| 在烤模裡整理麵糊

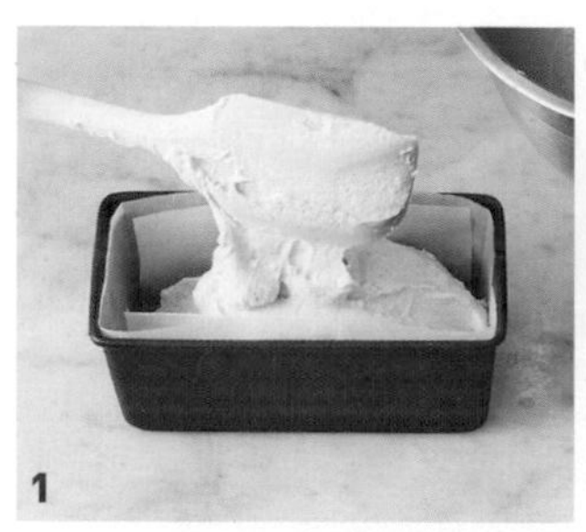
1

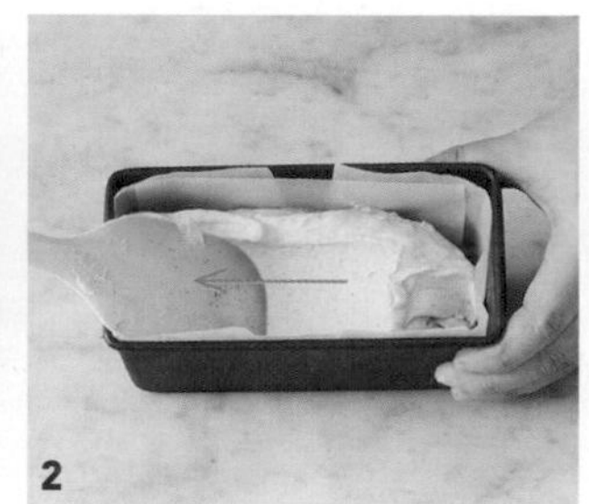
2

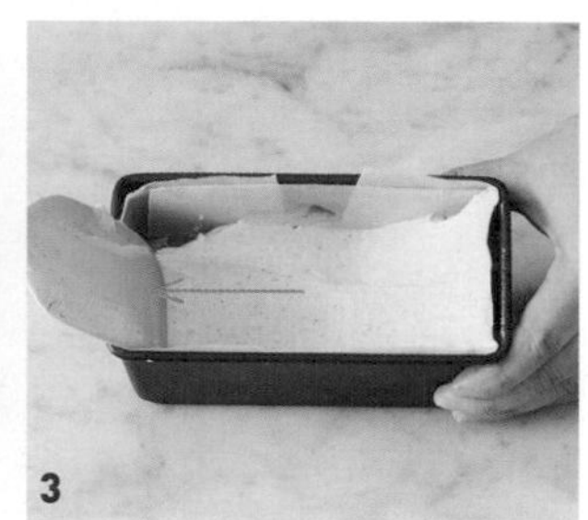
3

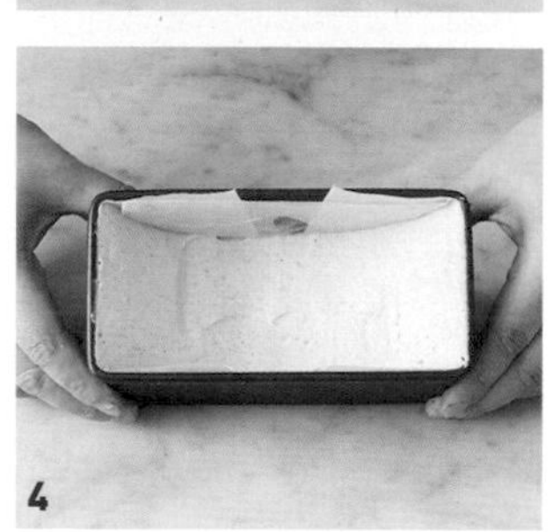
4

1 在烤模裡鋪上烘焙紙或塗抹奶油，然後填入適量的麵糊。

Point. 考慮到麵糊烘烤後會膨脹，裝填時麵糊量不要超過烤模容量的 80%。

2 使用刮刀整理麵糊，將麵糊從中間輕輕往邊緣上推。

3 用相同方式整理烤模另一側的麵糊。

4 將麵糊往兩側邊緣上推，讓中間微微凹陷。藉由增加跟烤模接觸的面積，提高蒸氣含量。

Point. 乳沫類蛋糕的麵糊不適用此方法。

| 在中間擠上一條奶油

1

2

1 在烤模內填入麵糊、放進烤箱之前，將室溫奶油裝進擠花袋，在麵糊表面的中間擠上一條奶油，如圖片所示。

2 烘烤時奶油會先融化，並讓麵糊中間保持柔軟濕潤，方便水蒸氣從這條縫隙釋放，藉此讓麵糊從中間膨脹、裂開。

| 在烘烤過程中切一刀

1

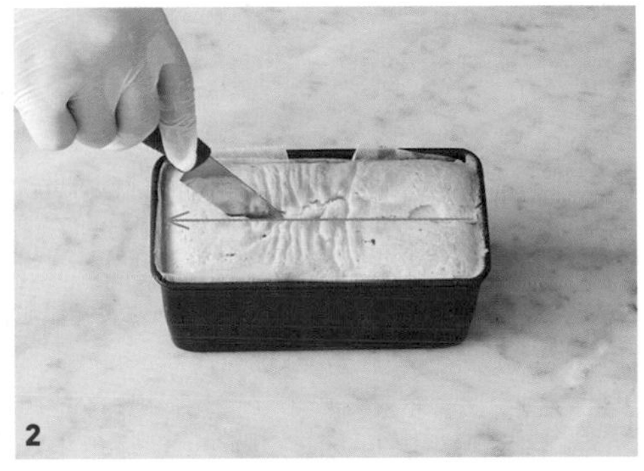
2

1 當麵糊烤到表面感覺有一層薄膜、不會黏手的狀態時，用刀子在麵糊中間切一刀。

Point. 若移到烤箱外切，麵糊遇到冷空氣可能會消氣，因此建議在烤箱內快速進行。

2 在中間劃出長長的一刀。

Point. 切下去的深度約烤模的三分之一。

05.

磅蛋糕
保存方式

為了維持外觀和濕潤度，磅蛋糕出爐後的保存方法十分關鍵。不同種類及不同烤模的磅蛋糕，保存方法也有些微差異，建議參考下列的基本事項，搭配每道食譜的保存方式。和大部分烘烤類的甜點一樣，完成的磅蛋糕放 1 ～ 2 天再吃，會比剛出爐就立刻享用更美味喔！

| 脫模

如果是使用長方形烤模，一般磅蛋糕烤完後會立刻脫模，放到網架上散熱。

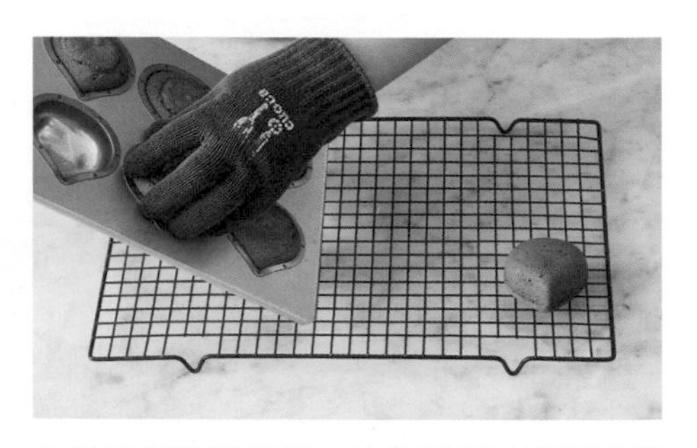

如果使用造型烤模，注意脫模時不要破壞形狀。出爐後立刻脫模，放到網架上散熱。

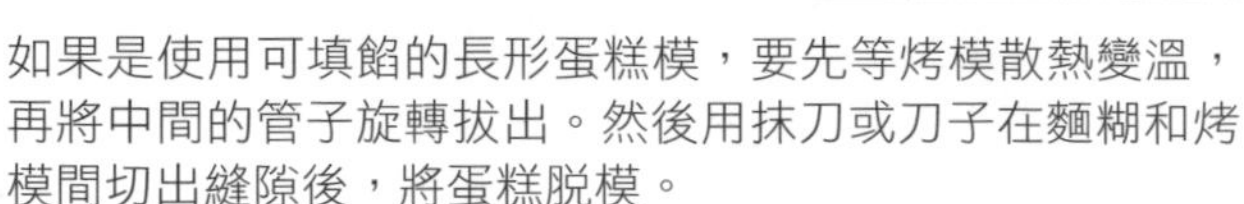

如果是使用可填餡的長形蛋糕模，要先等烤模散熱變溫，再將中間的管子旋轉拔出。然後用抹刀或刀子在麵糊和烤模間切出縫隙後，將蛋糕脫模。

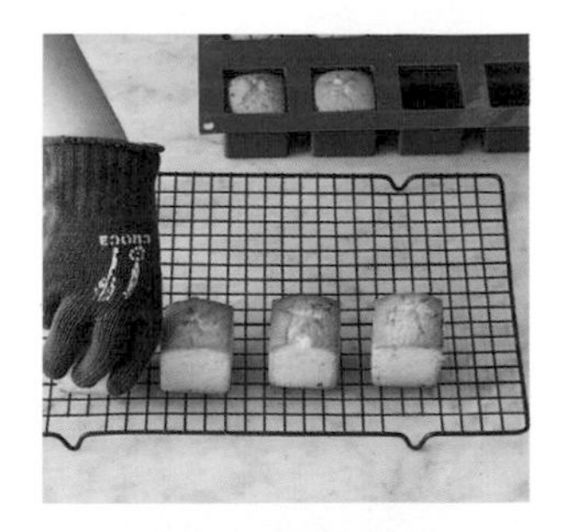

如果是使用矽膠烤模，烤完後可以立刻脫模，放到網架上散熱。

保持濕潤

趁熱在磅蛋糕表層塗上糖漿（蛋糕底部除外），有助於維持蛋糕的濕潤感。

Point. 要趁蛋糕熱氣散去前、還有餘溫時塗抹糖漿。糖漿的口味可依蛋糕種類挑選，也可搭配食譜使用適合的利口酒代替。

淋上淋醬、糖霜或奶油等覆蓋蛋糕體時，有助於蛋糕保持濕潤、不容易乾掉。

將磅蛋糕放在網架上散熱一陣子後，用保鮮膜密封冷藏，有助於維持蛋糕的濕潤感。

Class 01.

磅蛋糕三大基本技法

磅蛋糕的做法十分多元，本章會介紹最基礎、最常使用到的技巧──「糖油拌合法」。糖油拌合法又分為全蛋打法和分蛋打法兩種，先實作過這兩種基本技法後，在後面的章節會接續介紹「粉油拌合法」。

Pound Cake 01-1.

糖油拌合法
—全蛋打法—

磅蛋糕最常用的就是糖油拌合法 Sugar batter Method，其中又分成全蛋打法和分蛋打法兩種。
全蛋打法不會將蛋白和蛋黃分開打發，而是直接使用整顆蛋下去打。
全蛋打法做出來的磅蛋糕體積和氣孔都比分蛋打法更小，吃起來感覺比較厚實。

【材料】

香草麵糊

- 奶油 ……… 200g
- 糖粉 ……… 150g
- 全蛋 ……… 180g
- 低筋麵粉 ‥ 200g
- 泡打粉 ……… 5g
- 牛奶 ………… 20g
- 香草醬 ……… 8g
- 香草莢 …… 1 根

香草糖漿

- 細砂糖 ……. 30g
- 水 …………… 60g
- 蘭姆酒 ……… 5g
- 香草莢 … 1/2 根

【事前準備】

- 將奶油放在室溫軟化，直到用手指輕輕按壓，容易有凹陷仍保有微涼的狀態。
- 在湯鍋裡加入細砂糖和水，熬煮到細砂糖融化後關火。再放入蘭姆酒和香草莢，放涼後即完成香草糖漿。
- 將烤箱的預熱溫度調整到比實際烘烤溫度高 20℃，並預熱 10 分鐘。

【模具＆份量】 15cm 長方形烤模 2 個

【保存方式】

- 常溫：5 天
- 冷凍：2 週

1　將牛奶加熱後，添加香草莢和香草醬，浸泡 10 分鐘，將香草莢取出。

Point. 先用刀劃開香草莢，刮出香草籽加入牛奶。香草莢香氣濃郁，想增添香氣時可以連同香草莢一起加入牛奶浸泡。

2　將室溫奶油放入調理盆中，以攪拌機高速攪拌。

Point. 將奶油放在室溫下軟化，直到用手指輕輕按壓，容易有凹陷仍保有微涼的狀態。

3　倒入糖粉後以低速持續攪拌，直到表面光滑，避免糖粉飛散。

4　將全蛋液分次倒入調理盆充分攪拌均勻，避免麵糊油水分離。

Point. 若遇到麵糊油水分離，可拌入一點低筋麵粉吸收水分，持續將麵糊攪拌至表面光滑。

5　隨時用刮刀刮過調理盆的內側，避免麵糊殘留。

6　加入過篩的低筋麵粉、泡打粉，用刮刀攪拌直到沒有粉末殘留。

7 等步驟 1 材料稍微冷卻後，倒入調理盆攪拌至表面光滑。

8 麵糊就完成了。

入模烘烤

9 在烤模裡鋪好烘焙紙，裝入 380g 的麵糊，並將麵糊的兩側輕輕往上推。

10 將烤模放入預熱到 185℃的烤箱，以 165℃烤 30 ～ 35 分鐘。

11 磅蛋糕出爐後，往桌面敲一下以分離磅蛋糕跟烤模。先冷卻一段時間，再將磅蛋糕底部以外的區域塗滿香草糖漿，並放到網架上繼續冷卻。

Point. 磅蛋糕烤好後要立刻脫模，蛋糕側面才不會凹陷。

Pound Cake 01-2.

糖油拌合法

—分蛋打法—

分蛋打法是先將蛋白打發後，再加入麵糊。
相較於全蛋打法，分蛋打法做出來的磅蛋糕體積和氣孔更大，口感也更鬆軟。

【材料】

香草麵糊

- 奶油 ……… 200g
- 糖粉 ……… 120g
- 蛋黃 ………… 60g
- 蛋白 ……… 120g
- 細砂糖 ……. 30g
- 低筋麵粉 ‥ 200g
- 泡打粉 ……… 5g
- 牛奶 ………… 20g
- 香草醬 ……… 8g
- 香草莢 …… 1 根

香草糖漿

- 細砂糖 ……. 30g
- 水 …………… 60g
- 蘭姆酒 ……… 5g
- 香草莢 … 1/2 根

【事前準備】

- 將奶油放在室溫軟化，直到用手指輕輕按壓，容易有凹陷仍保有微涼的狀態。
- 在湯鍋裡加入細砂糖和水，熬煮到細砂糖融化後關火。再放入蘭姆酒和香草莢，放涼後即完成香草糖漿。
- 將烤箱的預熱溫度調整到比實際烘烤溫度高 20℃，並預熱 10 分鐘。

【模具＆份量】

15cm 長方形烤模 2 個

【保存方式】

- 常溫：5 天
- 冷凍：2 週

製作麵糊

1 將牛奶加熱後，加入香草莢和香草醬浸泡 10 分鐘，將香草莢取出。

Point. 先用刀劃開香草莢，刮出香草籽加入牛奶。香草莢香氣濃郁，想增添香氣時可以連同香草莢一起加入牛奶浸泡。

2 將室溫奶油放入調理盆中，以攪拌機高速攪拌。

3 倒入糖粉以低速攪拌，避免糖粉飛散。

4 用刮刀刮過調理盆內側，將內側殘留麵糊整理乾淨，並再次將麵糊拌勻。

5 加入蛋黃後攪拌均勻。

製作蛋白霜

6 將蛋白和少量的細砂糖倒入調理盆，以中速攪拌至蛋白表面的大氣泡消失。

7 將其餘細砂糖分 2 ～ 3 次倒入調理盆裡，同時攪拌到蛋白霜凝固。

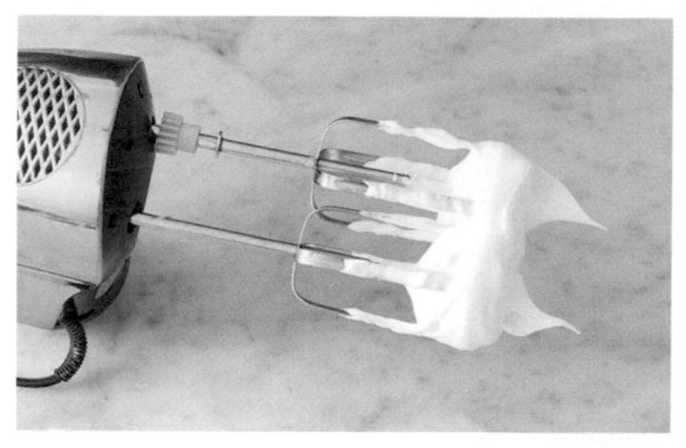

8 攪拌至拿起攪拌機輕輕搖晃、蛋白霜尾端依然挺立時，蛋白霜就完成了。

Point 攪拌太久反而會導致蛋白霜消泡、無法成功，需多加注意。

製作麵糊

9 將一半完成的蛋白霜加入步驟 5 中，用刮刀由下往上輕輕拌勻。

10 加入過篩的低筋麵粉和泡打粉，持續輕輕地由下往上攪拌。

11 將其餘的蛋白霜全部倒入調理盆裡，輕輕由下往上翻攪。

12 放入步驟 **1** 的香草牛奶攪拌均勻。

13 麵糊就完成了。

14 在烤模裡鋪好烘焙紙，裝入 380g 的麵糊，並將麵糊的兩側輕輕往上推。

15 將烤模放入預熱到 185℃的烤箱，以 165℃的溫度烤 30 ～ 35 分鐘。

16 磅蛋糕出爐後，往桌面敲一下以分離磅蛋糕跟烤模。先冷卻一段時間，再將磅蛋糕底部以外的區域塗滿香草糖漿，並放到網架上繼續冷卻。

Point 塗上糖漿的磅蛋糕，保存時能使蛋糕的濕潤度維持更久。

Pound Cake 02.

粉油拌合法

粉油拌合法 Flour batter method 是一種先攪拌麵粉和奶油，藉此包覆空氣的作法。
在加入其他含水食材前先放麵粉，可幫助吸收水分並降低加蛋後油水分離的機率。
一般使用於粉狀食材的量大於奶油的甜點食譜，適合做出質地細緻、紋路漂亮的磅蛋糕！

【材料】

香草麵糊

奶油 ········ 200g
糖粉 ········ 150g
全蛋 ········ 180g
低筋麵粉 ·· 200g
泡打粉 ········ 5g
牛奶 ·········· 20g
香草醬 ········ 8g
香草莢 ······ 1 根

香草糖漿

細砂糖 ······ 30g
水 ············ 60g
蘭姆酒 ········ 5g
香草莢 ··· 1/2 根

【事前準備】

- 將奶油放在室溫軟化，直到用手指輕輕按壓，容易有凹陷仍保有微涼的狀態。
- 在湯鍋裡加入細砂糖和水，熬煮到細砂糖融化後關火。再放入蘭姆酒和香草莢，放涼後即完成香草糖漿。
- 將烤箱的預熱溫度調整到比實際烘烤溫度高 20℃，並預熱 10 分鐘。

【模具＆份量】

15cm 長方形烤模 2 個

【保存方式】

- 常溫：5 天
- 冷凍：2 週

製作麵糊

1 將全蛋液、糖粉放入調理盆，用打蛋器混合均勻。

2 將牛奶加熱後，加入香草莢和香草醬浸泡 10 分鐘，將香草莢取出。

Point. 先用刀劃開香草莢，刮出香草籽加入牛奶。香草莢香氣濃郁，想增添香氣時可以連同香草莢一起加入牛奶浸泡。

3 將室溫奶油放入調理盆中，以攪拌機高速攪拌。

4 加入過篩的低筋麵粉、泡打粉，充分攪拌均勻。

5 隨時用刮刀刮過調理盆的內側，避免麵糊殘留。

6 將步驟 1 的全蛋液分 2 ～ 3 次加入調理盆中攪拌，避免麵糊油水分離。

7 放入步驟 2 的香草牛奶，充分拌勻。

8 麵糊就完成了。

9 在烤模裡鋪好烘焙紙，裝入 380g 的麵糊，並將麵糊的兩側輕輕往上推。

10 將烤模放入預熱到 185℃的烤箱，以 165℃的溫度烤 30 ～ 35 分鐘。

11 磅蛋糕出爐後，往桌面敲一下以分離磅蛋糕跟烤模。先冷卻一段時間，再將磅蛋糕底部以外的區域塗滿香草糖漿，並放到網架上繼續冷卻。

Point 塗上糖漿的磅蛋糕，保存時能使蛋糕的濕潤度維持更久。

Class 02.

基本技法延伸運用

學會基本技法，就能自由變化出各種磅蛋糕。本章會接著介紹由「糖油拌合法（全蛋打法）」延伸的巧克力大理石和椰子百香磅蛋糕，以及由「粉油拌合法」延伸的南瓜起司磅蛋糕和艾草豆香磅蛋糕。

Pound Cake 03.

巧克力大理石磅蛋糕

想做出簡單卻不單調的磅蛋糕，建議可以用兩種不同顏色的麵糊製作大理石磅蛋糕。
用基本麵糊搭配另一種顏色的麵糊輕輕攪拌，即可做出細緻的大理石紋路；
也可以輪流將兩種麵糊倒入烤模，做出較明顯粗獷的大理石紋路。

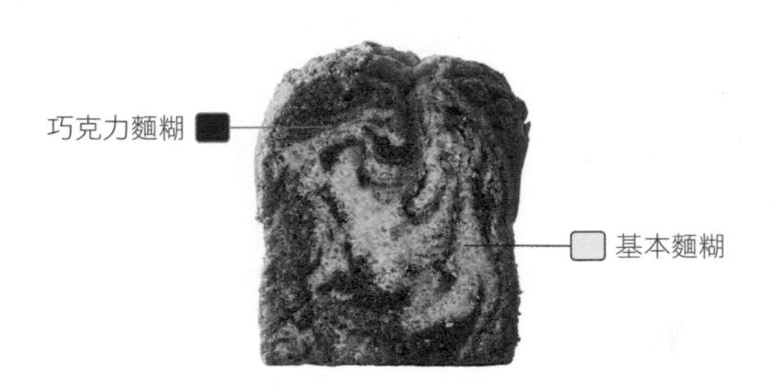

【材料】

基本麵糊

- 奶油 ……… 200g
- 細砂糖 ….. 170g
- 全蛋 ……… 200g
- 低筋麵粉 ‥ 170g
- 泡打粉 ……… 4g
- 杏仁粉 ……. 30g

巧克力麵糊

- 可可粉 …. 12g
- 奶油 …….. 20g
- 牛奶 …….. 20g

綠茶麵糊（延伸）

- 綠茶粉 …… 8g
- 奶油 …….. 20g
- 牛奶 …….. 20g

【事前準備】

- 將奶油放在室溫軟化，直到用手指輕輕按壓，容易有凹陷仍保有微涼的狀態。
- 將烤箱的預熱溫度調整到比實際烘烤溫度高 20℃，並預熱 10 分鐘。

【模具＆份量】 15cm 長方形烤模 2 個

【保存方式】

- 常溫：5 天
- 冷凍：2 週

製作基本麵糊

1 將室溫奶油放入調理盆以攪拌機高速攪拌，再將細砂糖分 2～3 次倒入調理盆拌勻。

2 將全蛋液分次加入調理盆中攪拌，避免麵糊油水分離。

Point 若遇到麵糊油水分離，可以拌入一點杏仁粉吸收水分來解決。

3 倒入過篩的低筋麵粉、泡打粉和杏仁粉，用刮刀攪拌均勻。

4 基本麵糊就完成了。

製作巧克力麵糊

5 在另一個調理盆中放入可可粉、室溫奶油和牛奶。

Point 若想做綠茶大理石紋，可在此步驟改放 P43 列出的綠茶麵糊食材。

6 利用調理盆內側，施力下壓將巧克力麵糊攪拌均勻。

7 加入一刮刀步驟 4 的基本麵糊，攪拌至麵糊呈現均勻的巧克力色就完成了。

Point 倒越多基本麵糊、巧克力色就越淺，可能導致成品的大理石紋變得不明顯，需多加注意。

8 把巧克力麵糊分成小團，放入步驟 4 其餘的基本麵糊上。

9 用刮刀從調理盆的底部輕輕由下往上攪拌。

10 出現大理石紋路即可停止。

Point 填入烤模時麵糊會繼續混合，因此稍微出現大理石紋就要停止攪拌。若攪拌過度，成品紋路會更不明顯。

11 在烤模裡鋪好烘焙紙，裝入 400～410g 的麵糊，並將麵糊的兩側輕輕往上推。將烤模放入預熱到 185℃的烤箱，以 165℃的溫度烤 30 分鐘。

Pound Cake 04.

南瓜起司磅蛋糕

鑲有南瓜和奶油起司的南瓜起司磅蛋糕，一口咬下便能感受層次豐富的口感變化。鮮黃色的南瓜麵糊配上綠色的奶酥，不僅能挑起食欲，同時也讓蛋糕切面更精緻漂亮！

【材料】

南瓜 & 奶油起司麵糊

- 奶油 ………… 80g
- 細砂糖 ….. 140g
- 全蛋 ……… 110g
- 低筋麵粉 .. 160g
- 杏仁粉 ……. 70g
- 泡打粉 ……… 5g
- 熟南瓜泥 .. 150g
- 奶油起司 .. 120g
- 烤南瓜丁 .. 120g

綠茶奶酥

- 奶油 ………… 40g
- 細砂糖 ……. 30g
- 低筋麵粉 …. 50g
- 綠茶粉 ……… 5g
- 杏仁粉 ……. 30g

【事前準備】

- 將奶油放在室溫軟化，直到用手指輕輕按壓，容易有凹陷仍保有微涼的狀態。
- 將準備拌入麵糊的南瓜肉煮熟，搗成泥後放涼。
- 準備帶皮的南瓜丁，切成長寬 2 ～ 3cm 的方形，放入預熱到 165℃的烤箱烤 18 分鐘。
- 將奶油起司切成長寬 2 ～ 3cm 的方形。
- 參考 P173 食譜製作綠茶奶酥。
- 將烤箱的預熱溫度調整到比實際烘烤溫度高 20℃，並預熱 10 分鐘。

【模具＆份量】 15cm 長方形烤模 2 個

【保存方式】

- 常溫：2 天
- 冷凍：2 週

製作麵糊

1 將全蛋液、糖粉放入調理盆，用打蛋器混合均匀。

2 將室溫奶油放入調理盆中，以攪拌機高速攪拌。

3 在步驟 2 中加入過篩的低筋麵粉、杏仁粉和泡打粉攪拌均匀。

4 將步驟 1 的全蛋液分 2～3 次加入調理盆攪拌，避免麵糊油水分離。

5 隨時用刮刀刮過調理盆的內側，避免麵糊殘留。

6 放入事先準備的南瓜泥攪拌均匀。

7 放入烤南瓜丁和奶油起司丁，用刮刀輕輕攪拌。

Point 攪拌過度可能會破壞南瓜丁和奶油起司丁的形狀，需多加注意。

入模烘烤

8 在烤模裡鋪好烘焙紙，放入約 470～480g 的麵糊，並將麵糊的兩側輕輕往上推。

9 將準備好的綠茶奶酥滿滿地放上麵糊表面。

10 將綠茶奶酥鋪滿後，輕輕按壓固定。

11 將烤模放入預熱到 185℃的烤箱中，以 165℃烤 35 分鐘。

Pound Cake 05.

椰子百香磅蛋糕

本篇要製作小巧可愛的迷你磅蛋糕。
層層堆疊的椰子甘納許，讓你盡情品嚐白巧克力的順滑口感及椰香的甜味。
百香果和椰絲的獨特口感讓人每咬一口都心情愉悅！

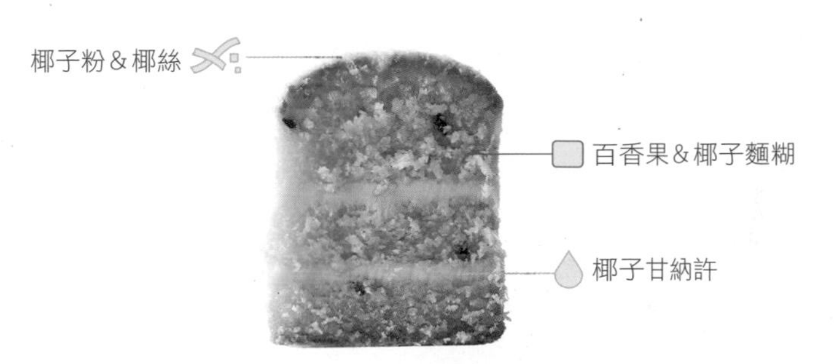

【材料】

百香果＆椰子麵糊

- 奶油 ……… 150g
- 細砂糖 ….. 150g
- 全蛋 ……… 150g
- 中筋麵粉 …. 60g
- 玉米粉 ……. 27g
- 杏仁粉 ……. 82g
- 泡打粉 ……… 2g
- 椰子麵粉 …. 40g
- 百香果果泥 45g

椰子甘納許

- 鮮奶油 ……. 35g
- 椰子果泥 …. 50g
- 白巧克力 .. 135g
- 椰子利口酒 10g

百香果糖漿

- 細砂糖 ……. 50g
- 水 …………. 75g
- 百香果果泥 30g

其他

- 椰子粉 ….. 適量
- 椰絲 ……… 適量

【事前準備】

- 將奶油放在室溫軟化，直到用手指輕輕按壓，容易有凹陷仍保有微涼的狀態。
- 在湯鍋裡加入細砂糖和水，熬煮到細砂糖融化後放入百香果果泥拌勻，放涼後即完成百香果糖漿。
- 將烤箱的預熱溫度調整到比實際烘烤溫度高 20℃，並預熱 10 分鐘。
- 準備 2 個擠花袋，1 個圓形花嘴及 1 個 895 編織花嘴。

【模具＆份量】

8 格正方形矽膠烤模 1 個

【保存方式】

- 常溫：3 天
- 冷藏：1 週
- 冷凍：2 週

製作椰子甘納許

1 將鮮奶油和椰子果泥各加熱至 70～80℃，白巧克力微波加熱融化後備用。

2 將步驟 1 的 2 碗食材倒在一起，充分拌勻。

3 倒入椰子利口酒均勻混合，椰子甘納許就完成了。

4 將椰子甘納許用保鮮膜密封、隔絕水氣，等甘納許稍微凝固即可拿來裝飾。

製作麵糊

5 將室溫奶油放入調理盆中，以攪拌機高速攪拌。

6 將細砂糖分 2 次倒入調理盆中攪拌。

Point 由於奶油量很少，不需將麵糊攪拌至表面光滑。

7 用刮刀刮過調理盆的內側，避免細砂糖殘留。

8 將全蛋液分 2～3 次加入調理盆中攪拌，避免麵糊油水分離。

9 若遇到麵糊油水分離，可以拌入一點杏仁粉吸收水分來解決。

Point 若沒有油水分離，可直接在下個放入粉狀食材的步驟一併倒入杏仁粉攪拌即可。

10 倒入過篩的中筋麵粉、玉米粉、泡打粉和椰子麵粉後攪拌均勻。

11 倒入百香果果泥後攪拌均勻。

12 將完成的麵糊裝入擠花袋，一一擠入烤模中。

Point 每格擠入約 85g 的麵糊。

13 將烤模往桌面輕輕敲一下。

Point 此步驟可以去除麵糊中的氣泡，並讓麵糊表面變平整。

14 將烤模放入預熱到 180℃的烤箱，以 160℃烤 30 分鐘。

15 取出烤好的磅蛋糕，趁熱抹上百香果糖漿後，放到網架上冷卻。

16 將磅蛋糕橫切成 1.5cm 的厚片，並把擠花袋裝上 895 編織花嘴後倒入椰子甘納許，均勻擠在蛋糕切面上。

17 擠好甘納許後，再疊上一片蛋糕並再次重複此步驟。

18 堆疊時注意要放平，避免蛋糕往其中一邊傾斜。完成後放進冷凍庫20分鐘，讓甘納許凝固。

19 在磅蛋糕的所有表面塗上一層薄薄的椰子甘納許。

20 戴上手套，將塗完甘納許的磅蛋糕沾滿椰子粉，最後撒上椰絲就完成了。

Pound Cake 06.

艾草豆香磅蛋糕

將種類豐富的豆類像寶石般鑲入磅蛋糕，濃郁豆香絕對讓人垂涎欲滴。
還可以按照個人喜好添加一種或多種豆類，
搭配適合豆類食材的奶酥表面與香濃奶油分層內餡，讓顏色和味道更多變！

【材料】

艾草黃豆麵糊

- 奶油 ………… 80g
- 細砂糖 ….. 140g
- 全蛋 ……… 110g
- 低筋麵粉 ‥ 120g
- 杏仁粉 ……. 70g
- 艾草粉 ……. 30g
- 泡打粉 ……… 5g
- 酸奶油 ….. 150g
- 各種豆類（大紅豆、鷹嘴豆、豌豆等）……… 100g

黃豆奶油

- 細砂糖 ……. 60g
- 水 …………… 40g
- 蛋黃 ………… 38g
- 奶油 ……… 120g
- 黃豆粉 ……. 30g

黃豆奶酥

- 細砂糖 ……. 30g
- 奶油 ………… 40g
- 低筋麵粉 …. 30g
- 高筋麵粉 …. 20g
- 炒過的黃豆粉 …………… 30g
- 杏仁粉 ……. 30g

【事前準備】

- 將奶油放在室溫軟化，直到用手指輕輕按壓，容易有凹陷仍保有微涼的狀態。
- 把各種豆類沾滿低筋麵粉備用。
- 參考 P174 食譜製作黃豆奶酥。
- 將烤箱的預熱溫度調整到比實際烘烤溫度高 20℃，並預熱 10 分鐘。
- 準備 1 個擠花袋及 1 個 895 編織花嘴。

【模具＆份量】

15cm 長方形烤模 2 個

【保存方式】

- 常溫：3 天
- 冷凍：2 週

製作黃豆奶油

1　在湯鍋裡加入細砂糖和水，熬煮到118℃完成糖漿。

2　將稍微打散的蛋黃倒入調理盆中，以中速輕輕攪拌，同時慢慢倒入步驟 1 的糖漿。

Point　糖漿很燙，需沿著調理盆邊緣往下倒，避免糖漿噴濺。

3　圖為打發到糖漿降溫至 25℃的狀態。

4　將室溫奶油分多次加入調理盆裡攪拌，打出奶油霜。

5　倒入黃豆粉攪拌後，刮刀刮過調理盆內側，黃豆奶油就完成了。

6 在調理盆裡倒入全蛋液和細砂糖，使用打蛋器充分拌勻。

7 另一個調理盆放入室溫奶油，以攪拌機高速攪拌。

8 在步驟 7 中加入過篩的低筋麵粉、杏仁粉、艾草粉、泡打粉以低速攪拌，避免粉末飛散。

9 將步驟 6 的食材分 2 ～ 3 次倒入調理盆中攪拌。

Point 此麵糊含水量較其他食譜少，攪拌起來可能會有乾澀感。

10 加入酸奶油攪拌。

11 用刮刀刮過調理盆的內側，避免麵糊殘留。

12 將沾滿低筋麵粉的豆類倒入調理盆裡輕輕攪拌。

Point 像豆類有點重量的食材，要先沾滿低筋麵粉再放入麵糊裡攪拌，避免集中沉澱在麵糊底部。

入模烘烤

13 在烤模裡鋪好烘焙紙，放入 400g 的麵糊，並將麵糊的兩側輕輕往上推。

14 將事先做好的黃豆奶酥鋪在麵糊表面。

15 鋪上奶酥後輕輕按壓固定，放入預熱到 185℃的烤箱，以 165℃烤 35 分鐘。

Point 拿筷子或竹籤戳進麵糊，若能輕鬆取出、沒有沾黏到麵糊即表示烤好。

16 取出烤好的磅蛋糕，稍微冷卻後橫切成 4 片 1.5cm 的厚片。

17 將擠花袋裝上 895 編織花嘴後倒入黃豆奶油，在最底層的蛋糕面擠上一層黃豆奶油。

18 擠好後再疊上一片蛋糕，並重複此步驟兩次。

19 堆疊時注意要放平，避免蛋糕往其中一邊傾斜。

20 完成後用保鮮膜密封並放進冷藏，待奶油凝固變硬後再切割，才能切出漂亮切面。

Class 03.

融化奶油磅蛋糕

前面幾款都是由室溫奶油製成，而本章要介紹先將全蛋打發，再添加融化奶油完成的磅蛋糕。使用融化奶油做出來的蛋糕口感比用室溫奶油更綿密，紋路也更細緻。不過由於融化奶油量較多時蛋液容易消泡，建議製作速度要快。

Pound Cake 07.

柳橙磅蛋糕

喜歡甜點吃起來口感清爽無負擔的你，絕不能錯過柳橙磅蛋糕！
酸甜的糖漬橙片、奶香濃郁的蛋糕再配上一杯紅茶，就是夢幻的下午茶組合！
也可以按照個人喜好的口味，將糖漬橙片替換成糖漬檸檬片、葡萄柚片。

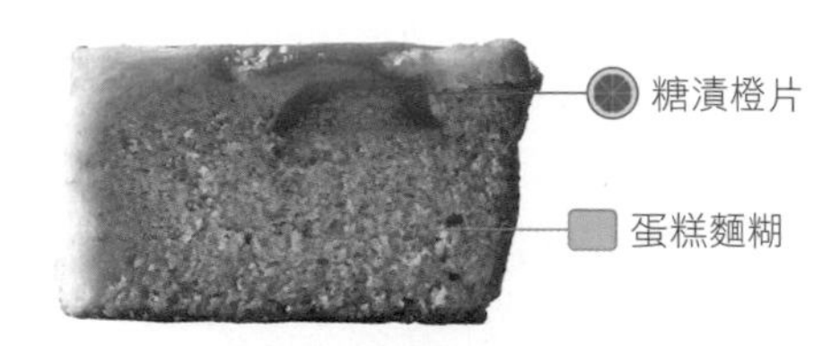

【材料】

蛋糕麵糊

- 奶油 ………… 95g
- 原味優格 …… 95g
- 柳橙皮屑 …… 10g
- 全蛋 ……… 165g
- 細砂糖 …… 140g
- 低筋麵粉 ‥ 140g
- 杏仁粉 ……. 40g
- 泡打粉 ……… 3g

糖漬橙片

- 切片柳橙 ‥ 200g
- 細砂糖 …… 200g
- 水 ………… 200g
- 玉米糖漿 ‥ 200g
- 柳橙利口酒 15g

糖漿

- 柳橙利口酒 ………… 適量

【事前準備】

- 製作糖漬橙片時，先將柳橙洗淨並切成 1cm 的厚片。
- 將烤箱的預熱溫度調整到比實際烘烤溫度高 20℃，並預熱 10 分鐘。

【模具＆份量】 18×18cm 正方形烤模 1 個

【保存方式】

- 冷藏：5 天
- 冷凍：2 週

製作糖漬橙片

1 在湯鍋中放入柳橙切片，倒水蓋過柳橙片。等水滾後將水倒掉，重新加水。

Point 煮滾後將水倒掉再加水，再重複2次（共3次）。

2 等柳橙片內層的皮變透明時，將柳橙片撈起瀝乾。

3 將細砂糖、水和玉米糖漿加入鍋中熬煮，等細砂糖融化後放入柳橙片，水滾即可關火。用烘焙紙將鍋子密封，在室溫下靜置一整晚入味。隔天再次開火，煮滾後關火，重複此步驟至少3天（3次以上），最後加入柳橙利口酒就完成了。

Point 完成的糖漬橙片要與糖漿一起冷藏，還可用同樣方法製作糖漬檸檬片或糖漬葡萄柚片。

4 將柳橙洗淨，用刨刀刨出柳橙皮屑。

Point 只需取橘黃色果皮，也可使用市售的柳橙皮屑。

5 將奶油、原味優格、柳橙皮屑裝入碗中，放進微波爐加熱融化。

6 將整顆蛋輕輕打散拌勻，再倒入細砂糖攪拌。

7 在更大的容器中裝熱水，並放入步驟 6 的調理盆隔水加熱，使細砂糖融化、蛋液溫度升至 45℃左右。

8 將調理盆移開後，再次以高速攪拌。

9 攪拌至呈現乳白色就完成了。

10 倒入過篩的低筋麵粉、杏仁粉和泡打粉，用刮刀由下往上輕輕拌勻。

11 挖出半刮刀步驟 10 的麵糊，放進步驟 5 的調理盆中攪拌均勻。

12 將步驟 11 再倒回步驟 10 的調理盆中，用刮刀充分混合。

13 用刮刀從底部由下往上快速拌勻，但動作需輕柔，麵糊就完成了。

入模烘烤

14 在烤模內側刷上一層薄薄的奶油。

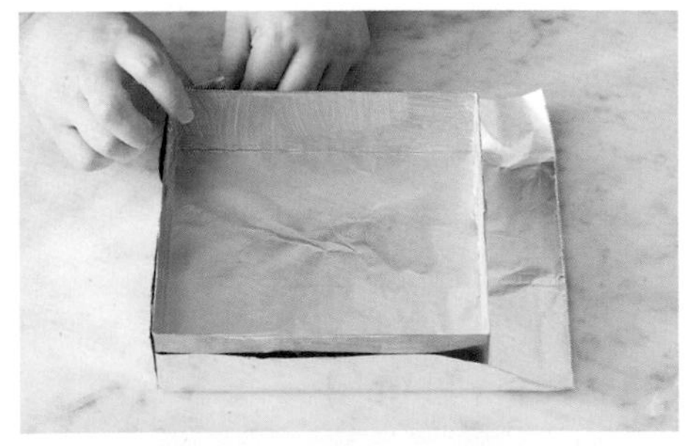

15 按照烤模的長、寬、高裁剪鋁箔紙，再摺起四個邊角貼合烤模，做出烤模底部。

16 將糖漬橙片鋪在烤模底部。

Point 在製作麵糊前要事先完成糖漬橙片。

17 將烤模放上烤盤後，慢慢倒入麵糊。

Point 用刮刀輕輕刮過麵糊表面，讓麵糊均勻布滿整個烤模。

18 將烤盤往桌面輕輕敲一下去除氣泡，並讓麵糊表面變平整。把烤盤放入預熱到 180℃的烤箱，以 160℃烤 25 分鐘。

19 將烤好的磅蛋糕脫模後倒扣出來，趁熱在蛋糕體塗上柳橙利口酒（君度橙酒）就完成了。

Pound Cake 08.

義式咖啡磅蛋糕

帶有馥郁咖啡香的蛋糕體，搭配上咖啡巧克力淋面，交織出華麗的咖啡饗宴！
製作步驟非常簡單，一口咬下時不僅能透過味蕾品嚐，
連鼻間都能感受到香醇的咖啡氣息，是連不愛喝咖啡的人也會折服的好味道。

【材料】

義式咖啡麵糊

- 杏仁膏 ····· 200g
- 全蛋 ········· 150g
- 蛋黃 ··········· 60g
- 細砂糖 ······· 75g
- 蜂蜜 ··········· 20g
- 低筋麵粉 ···· 70g
- 泡打粉 ········· 1g
- 咖啡粉 ········· 5g
- 奶油 ··········· 75g
- 義式濃縮咖啡 ··············· 40g

義式咖啡糖漿

- 義式濃縮咖啡 ············ 100g
- 細砂糖 ······· 50g
- 卡魯哇咖啡利口酒 ······· 20g

咖啡巧克力淋面

- 牛奶巧克力 ············ 200g
- 葡萄籽油 ···· 30g
- 可可脂 ······· 40g
- 咖啡粉 ········ 5g

其他

- 咖啡豆形巧克力 ············ 適量

【事前準備】

- 將奶油放入微波爐加熱至融化。
- 在熱義式咖啡裡加入細砂糖，等糖融化、咖啡放涼後，再倒入卡魯哇咖啡利口酒，拌勻後即完成義式咖啡糖漿。
- 參考 P78 食譜製作咖啡巧克力淋面。
- 將烤箱預熱溫度調整到比實際烘烤溫度更高 20℃，並預熱 10 分鐘。

【模具 & 份量】

15cm 長方形烤模 2 個

【保存方式】

- 冷藏：5 天
- 冷凍：2 週

1 將杏仁膏微波加熱後，倒入 1/3 的全蛋液。

2 用攪拌機攪拌杏仁膏，充分攪拌至沒有結塊。

3 用刮刀刮過調理盆的內側，避免麵糊殘留。

4 將其餘的全蛋液、蛋黃、細砂糖和蜂蜜倒入調理盆裡，高速攪拌至乳白色、提起麵糊呈絲綢狀落下的狀態。

5 倒入過篩的低筋麵粉、泡打粉和咖啡粉，用刮刀從底部由下往上充分翻攪到粉狀消失。

6 倒入融化奶油，快速攪拌。

7 倒入義式濃縮咖啡後攪拌均勻，麵糊就完成了。

入模烘烤

8 在烤模裡鋪好烘焙紙，裝入 350g 的麵糊，將烤模往桌面輕輕敲一下去除氣泡。把烤模放入預熱到 180℃的烤箱，以 160℃烤 30 分鐘。

9 取出烤好的磅蛋糕、拿掉烘焙紙，將蛋糕表面凸起的部分切平後倒放。

10 趁熱將義式咖啡糖漿抹上蛋糕表面（蛋糕底部除外）。

11 等蛋糕冷卻後，淋上事先做好的咖啡巧克力淋面。

Point 淋上淋面時，需一邊確認側面是否有均勻淋上。

12 依照個人喜好放上巧克力裝飾後，等淋面凝固就完成了。

Pound Cake 09.

無花果薰衣草磅蛋糕

我常推薦烘焙新手挑選當季水果來製作甜點。
當季水果本身便具備了難以取代的營養與美味，加入甜點中更能讓整體風味昇華。
這款圓形磅蛋糕以滿滿的無花果片與奢華金箔作為裝飾，
很適合用來慶祝生日或特別紀念日。

【材料】

無花果預處理（麵糊用）

- 無花果乾 ‥ 100g
- 水 ‥‥‥‥‥‥‥ 200
- 薰衣草茶包　1 包
- 低筋麵粉 ‥ 適量

薰衣草＆無花果麵糊

- 奶油 ‥‥‥‥‥ 70g
- 牛奶 ‥‥‥‥‥ 20g
- 薰衣草茶包 ‥‥‥ 2 包（約 4g）
- 全蛋 ‥‥‥‥ 110g
- 細砂糖 ‥‥‥ 70g
- 低筋麵粉 ‥‥ 70g
- 處理過的無花果 ‥‥‥‥‥‥‥ 55g

薰衣草糖漿

- 水 ‥‥‥‥‥‥ 110g
- 薰衣草茶包　2 包
- 細砂糖 ‥‥‥ 50g

薰衣草糖霜

- 水 ‥‥‥‥‥‥‥ 25g
- 薰衣草茶包　1 包
- 糖粉 ‥‥‥‥ 100g

其他

- 無花果 ‥‥ 適量
- 食用金箔 ‥ 適量

【事前準備】

- 將奶油放入微波爐加熱至融化。
- 將 2 包薰衣草茶包放入熱水裡泡 3 分鐘，再倒入細砂糖即完成薰衣草糖漿。
- 參考 P181 食譜製作薰衣草糖霜。
- 將烤箱的預熱溫度調整到比實際烘烤溫度高 20℃，並預熱 10 分鐘。

【模具＆份量】

直徑 18cm 圓形烤模 1 個

【保存方式】

- 冷藏：2 天
- 因含有新鮮水果，不建議冷凍保存。

無花果預處理

1 將無花果乾切成適當的大小，跟薰衣草茶包一起浸泡熱水 10 分鐘。

2 把水倒掉後，在泡好的無花果乾裡倒入少許低筋麵粉，充分拌勻。

Point 像無花果乾有點重量的食材，要先沾滿低筋麵粉再放入麵糊裡攪拌，避免集中沉澱在麵糊底部。也可將無花果乾切得更小再放入麵糊。

製作麵糊

3 將牛奶加熱後，放入 2 包薰衣草茶包和 4g 薰衣草葉，浸泡 10 分鐘讓味道變濃郁。

4 將步驟 3 食材過篩後倒入融化奶油中攪拌，同時維持熱度。

5 將整顆蛋輕輕打散拌勻，再倒入細砂糖攪拌。

6 在更大的容器中裝熱水，並放入步驟 5 的調理盆隔水加熱，使細砂糖融化、蛋液溫度升至 40 ～ 45℃。

7 將調理盆移開後，以高速持續攪拌至麵糊出現穩定堅固的乳白色泡沫。

8 加入過篩的低筋麵粉後，用刮刀從底部由下往上攪拌均勻。

9 將保持溫熱的步驟 4 食材慢慢倒入調理盆中，同時繼續由下往上攪拌。

10 用刮刀刮過調理盆的內側，避免麵糊殘留。

11 放進步驟 2 的食材輕輕拌勻。

12 將奶油和高筋麵粉充分混合後，在烤模內側塗上薄薄一層。

Point 建議在倒進麵糊前先準備好。

13 裝入麵糊後，將烤模往桌面輕輕敲一下去除氣泡。放入預熱到 185℃的烤箱，以 165℃烤 25 分鐘。

14 取出烤好的磅蛋糕倒扣出來，趁熱將事先做好的薰衣草糖漿抹上蛋糕。

15 等蛋糕冷卻後，淋上事先做好的薰衣草糖霜。

16 等糖霜凝固後，再放上無花果和食用金箔作為裝飾就完成了。

Pound Cake 10.

檸檬羅勒磅蛋糕

清香迷人的檸檬羅勒磅蛋糕，入口後第一層是檸檬糖霜的清爽，
接續綿密的蛋糕，最後以香甜的羅勒甘納許結尾，讓驚喜一波接一波！
使用可填餡長形蛋糕模，填入奶油、果醬、甘納許等內餡，讓切面更繽紛！

【材料】

檸檬＆羅勒麵糊

- 奶油 ……… 95g
- 酸奶油 …… 70g
- 檸檬皮屑 …. 10g
- 檸檬汁 …… 20g
- 全蛋 ……… 165g
- 細砂糖 ….. 140g
- 低筋麵粉 .. 140g
- 杏仁粉 …… 40g
- 泡打粉 ……… 3g
- 羅勒粉 ……… 4g

羅勒甘納許

- 鮮奶油 …… 60g
- 玉米糖漿 …… 6g
- 乾燥羅勒 …. 10g
- 白巧克力 …. 70g
- 奶油 ……… 20g

檸檬糖霜

- 細砂糖 ….. 200g
- 檸檬汁 …… 40g
- 檸檬皮屑 …… 3g

其他

- 檸檬果乾 .. 適量
- 羅勒葉 ….. 適量

【事前準備】

- 將製作羅勒甘納許的奶油放在室溫軟化，直到用手指輕輕按壓，容易有凹陷仍保有微涼的狀態。
- 參考 P182 食譜製作檸檬糖霜。
- 將烤箱的預熱溫度調整到比實際烘烤溫度高 20℃，並預熱 10 分鐘。
- 準備 1 個擠花袋及 1 個圓形花嘴。

【模具＆份量】

20×8×8cm 可填餡長方形烤模 1 個

【保存方式】

- 冷藏：5 天
- 冷凍：2 週

1 將鮮奶油加熱後，加入乾燥羅勒浸泡20分鐘。

2 加入玉米糖漿攪拌後，再次加熱到70～80℃。

3 將白巧克力微波加熱融化，倒入步驟2的調理盆中均勻混合。

4 倒入室溫奶油，用打蛋器拌勻。

5 用保鮮膜密封、隔絕水氣，靜置冷卻。

6 將奶油、酸奶油、檸檬皮屑和檸檬汁倒入大碗中，微波加熱融化。

Point 拌入麵糊前都需要維持溫熱狀態。

7 將整顆蛋輕輕打散拌勻，再倒入細砂糖攪拌。

8 在更大的容器中裝熱水，並放入步驟 7 的調理盆隔水加熱，使細砂糖融化、蛋液溫度升至 45℃左右。

9 將調理盆移開後，以高速持續攪拌至麵糊呈乳白色。

10 加入過篩的低筋麵粉、泡打粉、杏仁粉和羅勒粉，從底部由下往上快速攪拌，但動作需輕柔。

11 將步驟 6 的食材倒入調理盆中，從底部由下往上快速攪拌。

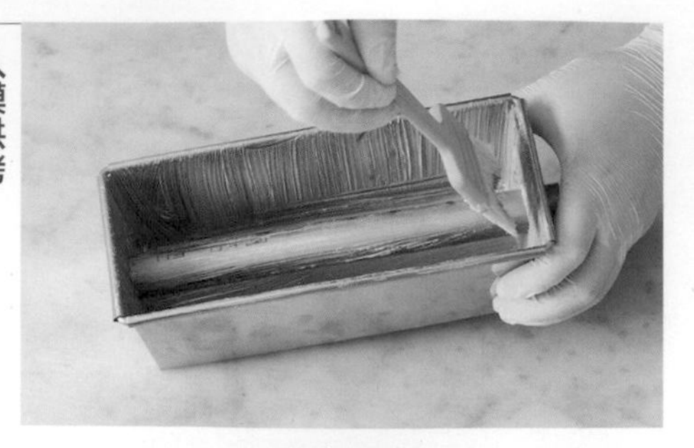

12 在可填餡長形蛋糕模裡塗上一層薄薄的奶油。

Point 烤模內管也需塗上奶油，烤完蛋糕才容易脫模。建議在倒進麵糊前先準備好。

13 倒入麵糊後，用刮刀將麵糊表面輕輕刮平。

14 將烤模往桌面輕輕敲一下去除氣泡，放入預熱到 180℃的烤箱，以 160℃烤 35 分鐘。

15 取出烤好的磅蛋糕，先稍微靜置冷卻，趁有餘溫時將蛋糕脫模、放到網架上繼續冷卻。

Point 需先將中間的管子旋轉拔起，再將蛋糕脫模。

16 要做出長方形磅蛋糕時，需將凸起的部分切平。

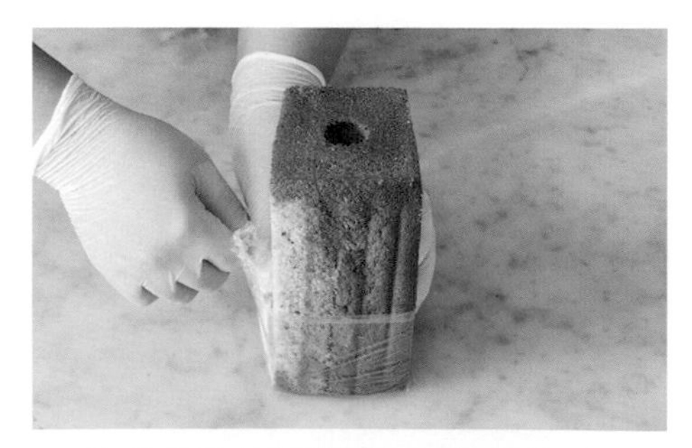

17 接著要將甘納許填入蛋糕體的孔洞，為了避免甘納許從孔洞下方溢出，先在蛋糕底部包保鮮膜擋住洞口。

18 利用擠花袋將事先做好的羅勒甘納許擠進磅蛋糕的孔洞。

Point 擠入過程需停頓幾次，等甘納許確實流至底部。填滿孔洞後，把磅蛋糕放進冷凍庫讓甘納許凝固。

19 淋上事先做好的檸檬糖霜。

Point 淋上糖霜或淋面時，需一邊確認側面是否有均勻淋上。

20 趁糖霜凝固前，放上檸檬果乾、羅勒葉作為裝飾就完成了。

Class 04.

蛋白霜磅蛋糕

接下來在本章要介紹的是糖油分蛋打法的延伸食譜。先將全蛋中的蛋白分離出來，打發成蛋白霜後再加入麵糊，蛋糕的體積和氣孔都會比全蛋打法更大，也因此吃起來口感會更輕盈、鬆軟。

Pound Cake 11.

焦糖蘋果磅蛋糕

研發這款磅蛋糕的靈感來自於反烤蘋果塔，而蘋果正是不可或缺的關鍵角色。
製作燉蘋果和焦糖的過程稍微複雜了一點，不過品嚐過的人都讚不絕口，
可以說是零負評、回購率高達 100% 的人氣磅蛋糕。適合搭配熱美式一起享用。

【材料】

焦糖（麵糊用）

- 細砂糖 …… 80g
- 鮮奶油 …… 80g

焦糖麵糊

- 奶油 …… 108g
- 糖粉 …… 80g
- 杏仁粉 …… 108g
- 蛋黃 …… 40g
- 全蛋 …… 20g
- 焦糖 …… 96g
- 低筋麵粉 …… 54g
- 泡打粉 …… 3g
- 蛋白 …… 60g
- 細砂糖 …… 20g

焦糖醬

- 細砂糖 …… 100g

燉蘋果

- 蘋果 …… 300g
- 細砂糖 …… 100g
- 檸檬汁 …… 5g
- 香草莢 …… 1 根

肉桂奶酥

- 奶油 …… 40g
- 細砂糖 …… 30g
- 低筋麵粉 …… 50g
- 肉桂粉 …… 2g
- 杏仁粉 …… 30g

其他

- 細砂糖 …… 100g
- 果膠 …… 3g

【事前準備】

- 將奶油放在室溫軟化，直到用手指輕輕按壓，容易有凹陷仍保有微涼的狀態。
- 將全蛋、蛋黃、牛奶置於室溫下，退冰至室溫狀態。
- 用來製作蛋白霜的蛋白先放進冰箱冷藏。
- 參考 P175 食譜製作抹茶淋面。
- 將烤箱的預熱溫度調整到比實際烘烤溫度高 20℃，並預熱 10 分鐘。

【模具 & 份量】

15cm 長方形烤模 2 個

【保存方式】

- 冷藏：5 天
- 冷凍：2 週

製作焦糖醬

1 在湯鍋裡加入細砂糖，以小火熬煮到邊緣沸騰冒泡，過程中不能攪拌。

2 等出現焦糖色，一邊加熱一邊用勺子慢慢攪拌，煮至如圖片的深焦糖色。

3 在烤模裡塗上一層奶油，倒入步驟 2 的焦糖。

Point 只需倒入能填滿烤模底部的量即可。

4 將烤模左右搖晃，讓焦糖均勻布滿整個烤模底部。

Point 此步驟能讓蘋果增添焦糖風味，也能使蘋果更加有光澤。

5 將鮮奶油加熱至溫熱狀態。

Point 如果直接使用冷藏鮮奶油倒入熱焦糖中，可能會噴濺出來。

6 在湯鍋裡倒入細砂糖加熱至顏色呈褐色，再慢慢倒入鮮奶油攪拌。

Point 此時會出現高溫蒸氣，務必注意安全。

7 繼續煮 1 分鐘，等焦糖變濃稠、呈現跟圖片一樣的深褐色時即可關火冷卻。

8 在另一個湯鍋裡加入蘋果、細砂糖、檸檬汁和香草莢，在室溫下靜置 10 分鐘等細砂糖融化。

9 細砂糖融化後即可開火，一邊熬煮一邊用鍋鏟攪拌。

10 等湯鍋裡多餘水分消失、蘋果變透明時，即可關火冷卻。

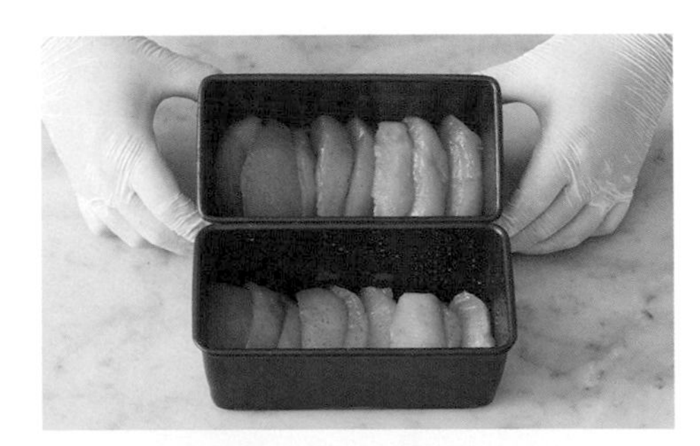

11 鋪疊一層燉蘋果片在步驟 4 的烤模裡。

12 將細砂糖和果膠充分混合後，撒入兩個烤模中。

Point 均勻撒滿並蓋住燉蘋果，可讓蘋果的口感更有嚼勁。

製作麵糊

13 加入室溫奶油，先以攪拌機高速輕輕攪拌。

14 加入糖粉後以攪拌機低速攪拌，直到表面光滑。

15 倒入杏仁粉攪拌。

16 將常溫蛋黃和全蛋液分 3 次倒入調理盆中攪拌。

17 用刮刀刮過調理盆的內側。

18 倒入事先做好的 96g 焦糖攪拌均勻。

19 將低溫的蛋白放入調理盆中，以攪拌機中速輕輕攪拌。

20 將細砂糖分 2～3 次倒入調理盆攪拌。

21 等拿起攪拌機，蛋白霜尾端像鳥嘴般挺立時，蛋白霜就完成了（9 分發的蛋白霜）。

製作麵糊

22 將一半完成的蛋白霜加入步驟 18 中，用刮刀由下往上輕輕拌勻。

23 倒入過篩的低筋麵粉和泡打粉後充分攪拌。

24 將其餘的蛋白霜加入調理盆中，由下往上輕輕攪拌，麵糊就完成了。

入模烘烤

25 在步驟 12 鋪好燉蘋果的烤模中裝入麵糊，用刮刀將麵糊表面輕輕刮平。

26 在麵糊上方鋪上肉桂奶酥後輕輕按壓固定，將烤模放入預熱到 185℃的烤箱，以 165℃烤 25 ～ 30 分鐘。

Point 烤好後先不脱模，直接等蛋糕冷卻再用噴槍噴烤底部後倒放，即可輕鬆脫模。

Pound Cake 12.

抹茶栗子磅蛋糕

外觀與味道充滿療癒感，這款磅蛋糕一推出便大受歡迎，
榮登甜點銷售排行榜第一名的寶座。小巧精緻的蛋糕體中蘊含口感綿密的飽滿栗子，
可以同時享受到栗子的甜美和抹茶略苦卻回甘的滋味。

【材料】

栗子＆抹茶麵糊

- 奶油 ………… 54g
- 栗子醬 ……… 20g
- 糖粉 ………… 27g
- 杏仁粉 ……… 54g
- 蛋黃 ………… 20g
- 全蛋 ………… 10g
- 牛奶 ………… 15g
- 低筋麵粉 …… 27g
- 抹茶粉 ……… 5g
- 泡打粉 …… 1.4g
- 蛋白 ………… 30g
- 細砂糖 ……… 10g
- 栗子 ………… 6 顆

糖漿

- 細砂糖 ……… 30g
- 水 …………… 60g
- 黑色蘭姆酒 ‥ 8g

抹茶淋面

- 白巧克力 ‥ 300g
- 濟州抹茶粉 ‥ 5g
- 葡萄籽油 …… 20g
- 可可脂 ……… 40g

【事前準備】

- 將奶油放在室溫軟化，直到用手指輕輕按壓，容易有凹陷仍保有微涼的狀態。
- 將全蛋、蛋黃、牛奶置於室溫下，退冰至室溫狀態。
- 要用來製作蛋白霜的蛋白先放進冰箱冷藏。
- 在水中加入細砂糖，熬煮到細砂糖融化後關火，放涼後再倒入黑色蘭姆酒，即完成糖漿。
- 參考 P177 食譜製作抹茶淋面。
- 將烤箱的預熱溫度調整到比實際烘烤溫度高 20℃，並預熱 10 分鐘。
- 準備 1 個擠花袋及 1 個圓形花嘴。

【模具＆份量】

6 格栗子形烤模 1 個

【保存方式】

- 冷藏：5 天
- 冷凍：2 週

製作麵糊

1 將室溫奶油和栗子醬放入調理盆中，高速攪拌至沒有結塊。

2 放入糖粉後，以低速攪拌至質地光滑。

3 倒入杏仁粉繼續攪拌。

4 將常溫蛋黃和全蛋液分 3 次倒入調理盆中攪拌。

5 倒入牛奶攪拌。

6 攪拌到表面光滑。

7　將低溫的蛋白放入調理盆中，以攪拌機中速輕輕攪拌。

8　將細砂糖分 2 ～ 3 次倒入調理盆攪拌。

9　等拿起攪拌機，蛋白霜尾端像鳥嘴般挺立時，蛋白霜就完成了（9 分發的蛋白霜）。

製作麵糊

10 將一半完成的蛋白霜加入步驟 6 中，用刮刀由下往上輕輕拌勻。

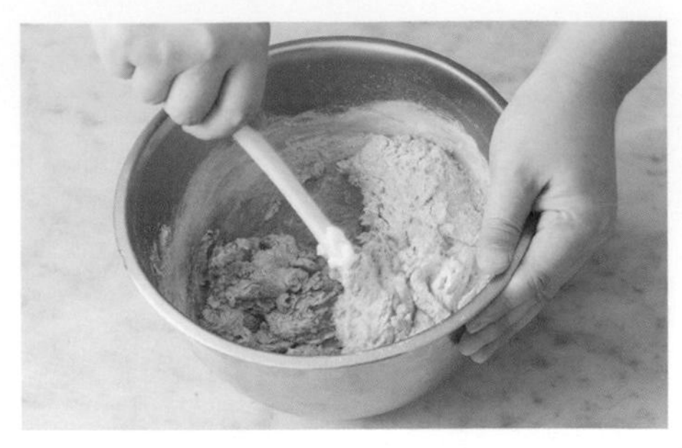

11 倒入過篩的低筋麵粉、泡打粉和抹茶粉，用刮刀充分攪拌，避免粉末飛散。

12 將其餘的蛋白霜加入調理盆中，由下往上輕輕翻攪。

13 麵糊就完成了。

入模烘烤

14 將擠花袋裝上圓形花嘴並裝入麵糊，將麵糊擠入栗子形烤模。

Point 這種內側有矽膠膜的烤模，不用另外塗上奶油。

15 在麵糊中央放入一整顆栗子，用手輕壓固定。

16 擠入麵糊蓋過栗子，將烤模放入預熱到185℃的烤箱，以165℃的溫度烤18分鐘。

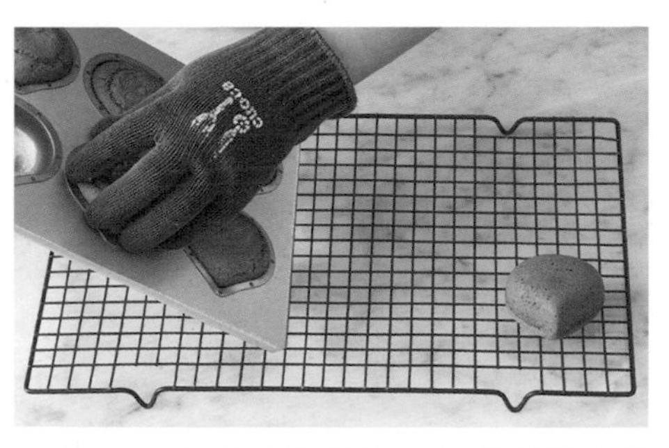

17 取出烤好的磅蛋糕後，立即脫模放到網架上。

18 趁熱抹上事先做好的糖漿。

19 最後淋上抹茶淋面就完成了。

Pound Cake 13.

開心果櫻桃磅蛋糕

用色澤誘人的櫻桃淋面包覆小巧磅蛋糕，再放上帶梗櫻桃，增添色彩與吸睛度。
在開心果麵糊中添加櫻桃糖漿，讓內外都能同時品嚐到滿滿的櫻桃香！

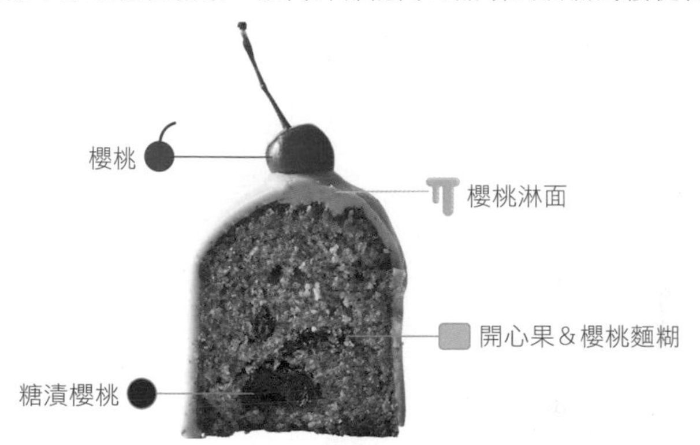

【材料】

糖漬櫻桃

- 去籽櫻桃 ‥ 100g
- 水 …………… 20g
- 細砂糖 A …． 20g
- 細砂糖 B …． 15g
- 果膠 …………. 5g
- 櫻桃利口酒　10g

櫻桃淋面

- 白巧克力 ‥ 300g
- 葡萄籽油 …． 20g
- 可可脂 ……. 40g
- 濃縮櫻桃汁　30g

開心果＆櫻桃麵糊

- 奶油 ………… 80g
- 開心果果醬　30g
- 糖粉 ………… 60g
- 杏仁粉 ……． 80g
- 蛋黃 ………… 30g
- 全蛋 ………… 15g
- 低筋麵粉 …． 55g
- 泡打粉 ……… 2g
- 蛋白 ………… 45g
- 細砂糖 ……． 15g
- 糖漬櫻桃 …． 50g

其他

- 帶梗整粒櫻桃 ………… 適量
- 開心果粉 ‥ 適量

【保存方式】

- 常溫：3 天
- 冷藏：5 天
- 冷凍：2 週

【事前準備】

- 將奶油放在室溫軟化，直到用手指輕輕按壓，容易有凹陷仍保有微涼的狀態。
- 將全蛋和蛋黃置於室溫下回溫。
- 製作蛋白霜的蛋白先放冷藏。
- 櫻桃切半去籽，和水、細砂糖 A 拌勻靜置 30 分鐘，等細砂糖融化後加熱至沸騰，倒入細砂糖 B 和果膠混合，變稠即可關火。放涼再倒入櫻桃利口酒（Kirsch），即完成糖漬櫻桃。
- 參考 P179 食譜製作櫻桃淋面。
- 將烤箱的預熱溫度調整到比實際烘烤溫度高 20℃，並預熱 10 分鐘。
- 準備 1 個擠花袋及 1 個直徑 1cm 的圓形花嘴。

【模具＆份量】

8 格正方形矽膠烤模 1 個

1　將室溫奶油、開心果果醬放入調理盆中，以攪拌機高速輕輕攪拌。

2　倒入糖粉後以低速攪拌，直到表面光滑。

3　用刮刀刮過調理盆的內側，避免粉末殘留。

4　倒入杏仁粉攪拌。

5　將常溫蛋黃和全蛋液分 3 次倒入調理盆中攪拌。

6　倒入糖漬櫻桃後輕輕拌勻。

Point　使用糖漬櫻桃前要先瀝乾水分，使用果肉部分即可。也可將櫻桃果乾泡熱水後瀝乾使用。

製作蛋白霜

7 將低溫的蛋白放入調理盆中，以攪拌機中速輕輕攪拌。

8 將細砂糖分 2～3 次倒入調理盆攪拌。

9 等拿起攪拌機，蛋白霜尾端像鳥嘴般挺立時，蛋白霜就完成了（9 分發的蛋白霜）。

製作麵糊

10 將一半完成的蛋白霜加入步驟 6 中，用刮刀由下往上輕輕拌勻。

11 放入過篩的低筋麵粉和泡打粉，全部攪拌均勻。

12 用刮刀刮過調理盆的內側，避免粉末殘留。

13 將其餘的蛋白霜加入調理盆中，由下往上輕輕攪拌。

14 麵糊就完成了。

入模烘烤

15 將擠花袋裝上直徑 1cm 的圓形花嘴並裝入麵糊，將麵糊擠入烤模。

Point 需填滿麵糊至烤模的八成。

16 將烤模往桌面輕輕敲一下讓麵糊表面變平整，將烤模放入預熱到 185℃的烤箱，以 165℃的溫度烤 25 分鐘。

17 取出烤好的磅蛋糕後，立即脫模放到網架上冷卻。

18 等蛋糕完全冷卻，再淋上事先做好的櫻桃淋面。

19 趁淋面凝固前放上整粒帶梗櫻桃、撒上開心果粉就完成了。

pour tous
une belle journee

Pound Cake 14.

Oreo 卡門貝爾乳酪磅蛋糕

酥脆的 Oreo 餅乾與柔滑爽口的卡門貝爾乳酪完美結合！
切一片 Oreo 卡門貝爾乳酪磅蛋糕，搭配香醇牛奶一起品嚐絕妙滋味，
也適合跟孩子們一起分享。卡門貝爾乳酪的量可依照個人喜好調整。

【材料】

Oreo 卡門貝爾乳酪麵糊

- 奶油 ……… 130g
- 奶油起司 ‥ 110g
- 糖粉 ……… 100g
- 杏仁粉 …… 160g
- 蛋黃 ………… 60g
- 全蛋 ………… 30g
- 酸奶油 ……. 65g
- 低筋麵粉 ‥ 110g
- 泡打粉 ……… 4g
- Oreo 巧克力餅乾粉 ………… 95g
- 蛋白 ………… 90g
- 細砂糖 ……. 30g
- 卡門貝爾乳酪 ………… 適量

其他

- Oreo 巧克力餅乾碎片 …. 90g

【事前準備】

- 將奶油放在室溫軟化，直到用手指輕輕按壓，容易有凹陷仍保有微涼的狀態。
- 將全蛋、蛋黃、酸奶油、奶油起司置於室溫下，退冰至室溫狀態。
- 要用來製作蛋白霜的蛋白先放進冰箱冷藏。
- 將卡門貝爾乳酪切成長寬約 2 ～ 3cm 的塊狀。
- 將烤箱的預熱溫度調整到比實際烘烤溫度高 20℃，並預熱 10 分鐘。

【模具＆份量】 15cm 長方形烤模 2 個

【保存方式】

- 常溫：3 天
- 冷凍：2 週

1 將室溫奶油、奶油起司放入調理盆中，以攪拌機高速輕輕攪拌。

2 倒入糖粉以低速攪拌，直到表面光滑。

3 用刮刀刮過調理盆的內側，避免粉末殘留。

4 倒入杏仁粉攪拌。

5 將常溫蛋黃、全蛋液分 3 次倒入調理盆中攪拌。

6 放入酸奶油拌勻。

7 放入過篩的低筋麵粉、泡打粉、Oreo 巧克力餅乾粉後攪拌均勻。

8 用刮刀刮過調理盆的內側，避免粉末殘留。

製作蛋白霜

9 將低溫的蛋白放入調理盆中，以攪拌機中速輕輕攪拌。

10 將細砂糖分 2 ～ 3 次倒入調理盆攪拌。

11 等拿起攪拌機，蛋白霜尾端像鳥嘴般挺立時，蛋白霜就完成了（9 分發的蛋白霜）。

製作麵糊

12 將一半完成的蛋白霜加入步驟 8 中，用刮刀從底部由下往上輕輕拌勻。

13 將其餘的蛋白霜放入調理盆中，由下往上翻攪。

14 放入卡門貝爾乳酪輕輕攪拌，麵糊就完成了。

入模烘烤

15 在烤模裡鋪好烘焙紙，裝入 450g 的麵糊，並將麵糊的兩側輕輕往上推。

16 一一放上 Oreo 巧克力餅乾，將烤模放入預熱到 185℃的烤箱，以 165℃的溫度烤 35 分鐘。

Class 05.

植物油磅蛋糕

本章會介紹以植物油製作的磅蛋糕食譜。植物油跟奶油最大的不同在於：植物油在冰冷狀態下也不會凝固，可以做出更柔軟、濕潤的口感。大部分市售的植物油——大豆油、葡萄籽油、葵花籽油等都可選用，不過若使用橄欖油，會讓蛋糕體帶有橄欖油的特殊香氣，使用時需特別留意。

Pound Cake 15.

胡蘿蔔奶油起司磅蛋糕

這款磅蛋糕是秋季必點的人氣磅蛋糕品項。
胡蘿蔔和奶油起司的相遇，是烘焙界中富有盛名的超完美組合！
除了胡蘿蔔外，更添加了椰絲和胡桃，賦予磅蛋糕豐富味道和多層次口感。

【材料】

胡蘿蔔麵糊

- 葡萄籽油 ·· 120g
- 全蛋 ········ 130g
- 黑糖 ········ 110g
- 酸奶油 ····· 100g
- 低筋麵粉 ·· 155g
- 泡打粉 ········ 3g
- 肉桂粉 ········ 1g
- 鹽巴 ············ 1g
- 胡蘿蔔絲 ·· 120g
- 椰絲 ·········· 50g
- 胡桃 ·········· 60g

奶油起司

- 奶油起司 ·· 200g
- 細砂糖 ······ 30g
- 鮮奶油 ······ 10g

【事前準備】

- 使用刨絲器將胡蘿蔔刨絲。
- 將胡桃放在 165℃的烤箱裡烘烤 10 分鐘後搗碎。
- 將奶油起司置於室溫軟化。
- 將烤箱的預熱溫度調整到比實際烘烤溫度高 20℃，並預熱 10 分鐘。

【模具＆份量】 15cm 長方形烤模 2 個

【保存方式】

- 冷藏：3 天
- 冷凍：2 週

製作奶油起司

1 將置於室溫下備用的奶油起司放入調理盆中，以攪拌機高速輕輕攪拌。

2 倒入細砂糖後，以低速攪拌。

3 加入鮮奶油攪拌均勻。

4 用刮刀刮過調理盆的內側，避免食材殘留。

製作麵糊

5 將全蛋液、黑糖放入調理盆，以攪拌機高速輕輕攪拌至沒有結塊。

6 在更大的容器中裝熱水並放入調理盆隔水加熱，使細砂糖融化。

Point 當調理盆中食材溫度升至 40 ～ 45℃時即可停止攪拌。

7 將調理盆移開後，以高速持續攪拌，直到麵糊出現穩定堅固的乳白色泡沫。

8 繼續攪拌至提起麵糊呈絲綢狀落下的狀態。

9 將葡萄籽油慢慢倒入調理盆中攪拌。

10 加入酸奶油拌勻。

11 加入過篩的低筋麵粉、泡打粉、肉桂粉和鹽巴，從底部由下往上輕輕翻攪。

12 將胡蘿蔔絲、碎胡桃和椰絲放進調理盆中，由下往上輕輕攪拌。

13 攪拌太久反而會導致消泡，讓麵糊蓬鬆感消失，只需輕輕攪拌即可。

入模烘烤

14 在烤模裡鋪好烘焙紙，裝入 420g 的麵糊，並將烤模往桌面輕輕敲一下去除氣泡。將烤模放入預熱到 180℃的烤箱，以 160℃的溫度烤 30 分鐘。烤好後將蛋糕脫模放到網架上冷卻。

15 在磅蛋糕表面塗上事先做好的奶油起司。

Point 可按照個人喜好調整奶油起司的量。

16 用抹刀在蛋糕表面上將奶油起司往同一方向塗抹均勻，就完成了。

Pound Cake 17.

黑芝麻磅蛋糕

對於不太喜歡吃甜點的長輩，最推薦這款香氣宜人又不會太甜的磅蛋糕。
麵糊中包覆著黃豆奶酥，搭配黑芝麻別有一番風味。
蛋糕表面的黃豆粉淋面和芝麻薄片，從外觀、香氣到滋味都極其優雅迷人！

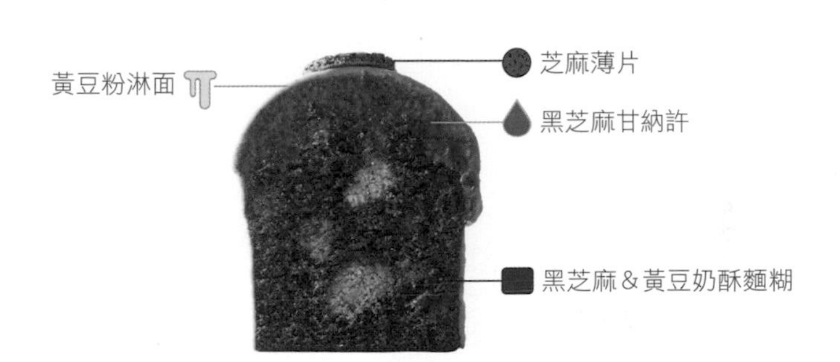

【材料】

黑芝麻麵糊

- 黃豆油 ……… 96g
- 黑芝麻醬 …… 64g
- 糖粉 ………… 120g
- 全蛋 ………… 96g
- 低筋麵粉 ‥ 104g
- 泡打粉 …… 2.4g
- 黑芝麻粉 …… 40g
- 鮮奶油 ……… 36g

黃豆奶酥

- 細砂糖 ……… 30g
- 奶油 ………… 40g
- 低筋麵粉 …… 30g
- 高筋麵粉 …… 20g
- 炒過的黃豆粉 …………… 30g
- 杏仁粉 ……… 30g

黑芝麻甘納許

- 鮮奶油 …… 160g
- 白巧克力 ‥ 240g
- 黑芝麻粉 …… 60g
- 柳橙利口酒 10g
- 奶油 ………… 50g

黃豆淋面

- 白巧克力 ‥ 300g
- 炒過的黃豆粉 …………… 30g
- 葡萄籽油 …… 20g
- 可可脂 ……… 40g

其他

- 芝麻餅 …… 適量

【事前準備】

- 將全蛋和鮮奶油置於室溫下，退冰至室溫狀態。
- 參考 P174 食譜製作黃豆奶酥。
- 參考 P180 食譜製作黃豆粉淋面。
- 參考 P188 食譜製作芝麻餅。
- 將烤箱的預熱溫度調整到比實際烘烤溫度高 20℃，並預熱 10 分鐘。

【模具＆份量】

15cm 長方形烤模 2 個

【保存方式】

- 常溫：3 天
- 冷藏：5 天
- 冷凍：2 週

製作黑芝麻甘納許

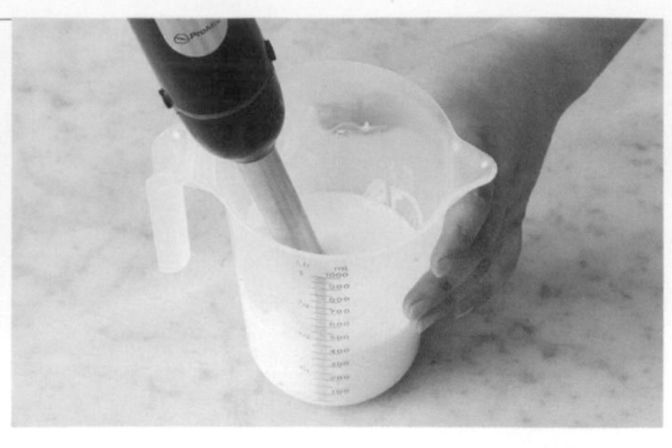

1 將白巧克力隔水加熱融化後，慢慢倒入加熱過的鮮奶油，用手持攪拌棒拌勻。

2 加入室溫奶油、柳橙利口酒（君度橙酒）攪拌均勻。

3 再倒入黑芝麻粉攪拌。

4 將拌好的黑芝麻甘納許放涼備用，等濃稠度接近可以擠花的程度即可。

5 將黃豆油和黑芝麻醬放入調理盆輕輕拌勻。

6 將糖粉分 2 次倒入，同時輕輕攪拌。

7 將常溫的全蛋液分 2 ～ 3 次倒入調理盆中攪拌均勻。

8 用刮刀刮過調理盆的內側，避免麵糊殘留。

9 加入過篩的低筋麵粉、泡打粉和黑芝麻粉，用刮刀由下往上攪拌。

10 加入鮮奶油攪拌至表面光滑。

11 將製作好的黃豆奶酥倒入調理盆中輕輕攪拌。

入模烘烤

12 在兩個烤模裡鋪好烘焙紙，各裝入一半的麵糊，把烤模往桌面輕輕敲一下去除氣泡。將烤模放入預熱到 185℃的烤箱，以 165℃的溫度烤 30 分鐘。烤好後將蛋糕脱模放到網架上冷卻。

13 等蛋糕完全冷卻，將事先做好的黑芝麻甘納許各挖一勺放上表面。

14 用抹刀在蛋糕表面上將甘納許往同一方向輕輕塗抹均勻。

15 拿透明的蛋糕圍邊輕輕刮過，讓甘納許平滑包覆磅蛋糕，放進冷凍庫 20 分鐘使甘納許凝固。

16 將事先做好的黃豆粉淋面淋上蛋糕。

17 等淋面完全凝固後，黑芝麻磅蛋糕就完成了。

Point 參考 P188 的食譜製作芝麻餅，作為磅蛋糕裝飾。

Pound Cake 17.

橄欖玉米磅蛋糕

微鹹的帕瑪森起司遇上香甜的蜂蜜，演繹出極致協調的甜鹹滋味！
在麵糊中加入滿滿的馬鈴薯丁、黑橄欖和玉米粒，
讓你在享受點心的同時也能擁有紮實的飽足感，當做正餐享用也沒問題。

【材料】

馬鈴薯＆橄欖＆玉米麵糊

橄欖油 …… 96g
全蛋 ……… 104g
黑糖 ……… 88g
酸奶油 …… 80g
低筋麵粉 ‥ 124g
泡打粉 ……… 3g
黑橄欖 …… 70g
罐頭玉米粒 70g
熟馬鈴薯 …· 90g

其他

蜂蜜 ……… 適量
帕瑪森起司粉 ………… 適量
香芹粉 …… 適量

【事前準備】

- 黑橄欖切碎後將水分瀝乾。
- 將罐頭玉米粒的水分瀝乾。
- 將馬鈴薯用水燙熟後切丁。
- 將烤箱的預熱溫度調整到比實際烘烤溫度高 20℃，並預熱 10 分鐘。

【模具＆份量】

15cm 長方形烤模 2 個

【保存方式】

- 冷藏：3 天
- 冷凍：2 週

製作麵糊

1 將全蛋液、黑糖放入調理盆，以攪拌機高速輕輕攪拌至沒有結塊。

2 在更大的容器中裝熱水並放入調理盆隔水加熱，使黑糖融化。

Point 當調理盆中食材溫度升至 40 ～ 45℃時即可停止攪拌。

3 將調理盆移開後，以高速持續攪拌至麵糊出現穩定堅固的乳白色泡沫。

4 繼續攪拌至提起麵糊呈絲綢狀落下的狀態。

5 將橄欖油慢慢倒入調理盆中攪拌。

6 倒入酸奶油拌勻。

7 倒入過篩的低筋麵粉、泡打粉後，用刮刀由下往上輕輕翻攪。

8 用刮刀刮過調理盆的內側，避免粉末殘留。

9 在另一個調理盆中加入一刮刀步驟 8 的麵糊，再將馬鈴薯丁、黑橄欖丁和罐頭玉米粒倒入調理盆中，輕輕由下往上拌勻。

Point 若沒有將食材的水分瀝乾就直接倒入調理盆，可能會導致麵糊製作失敗。

10 將步驟 9 的食材全部加入步驟 8 的調理盆裡輕輕拌勻。

Point 攪拌太久反而會導致消泡，讓口感變硬，需多加注意。

Class 06.

派對 · 特色磅蛋糕

本章會介紹適合在生日派對、節日、紀念日登場的獨特磅蛋糕。搭配前面的食譜，運用特殊形狀的模型、烤模，或在磅蛋糕上添加裝飾，就能做出在視覺與味覺上令人驚艷的特色磅蛋糕！

Pound Cake 18.

聖誕柴薪磅蛋糕

本書嘗試將傳統的聖誕柴薪蛋糕 Bûche de Noël 製作成磅蛋糕版本。
在蛋糕表面塗上濃稠的巧克力甘納許，運用叉子完美仿造出天然樹痕，
以馬林糖稍微點綴後再撒上糖粉，就能營造出濃厚的聖誕節氛圍！

【材料】

巧克力麵糊

- 杏仁膏 ····· 200g
- 全蛋 ········· 150g
- 蛋黃 ··········· 60g
- 細砂糖 ······· 75g
- 蜂蜜 ··········· 20g
- 低筋麵粉 ···· 60g
- 可可粉 ······· 10g
- 奶油 ··········· 75g
- 黑巧克力 A 45g
- 黑巧克力 B 40g

黑巧克力甘納許

- 鮮奶油 ····· 150g
- 玉米糖漿 ···· 18g
- 黑巧克力 ·· 210g
- 奶油 ··········· 60g

馬林糖

- 蛋白 ··········· 90g
- 細砂糖 ······· 90g

其他

- 糖粉 ········· 適量

【事前準備】

- 將用來製作麵糊的奶油和黑巧克力 A 微波加熱融化，黑巧克力 B 另外搗碎備用。
- 將用來製作甘納許的奶油放在室溫軟化，直到用手指輕輕按壓，容易有凹陷仍保有微涼的狀態。
- 參考 P186 食譜製作馬林糖。
- 將烤箱的預熱溫度調整到比實際烘烤溫度高 20℃，並預熱 10 分鐘。

【模具＆份量】

15cm 長方形烤模 2 個

【保存方式】

- 冷藏：3 天
- 冷凍：2 週

製作黑巧克力甘納許

1 將黑巧克力隔水加熱融化後，慢慢倒入鮮奶油和玉米糖漿，用打蛋器拌勻。

Point 這裡使用法芙娜（VALRHONA）品牌的黑巧克力。

2 用打蛋器像畫圓一樣，往同一個方向攪拌。

3 以手持攪拌棒，攪拌到表面光滑。

4 等甘納許溫度升至 40℃，再放入室溫奶油均勻混合。

5 稍微靜置，等黑巧克力甘納許形成能塗抹磅蛋糕做裝飾的狀態。

6 將杏仁膏微波加熱 30 秒，讓杏仁膏的質地變軟。

7 將蛋黃慢慢倒入步驟 6 的調理盆中，充分攪拌至沒有結塊。

8 將全蛋、細砂糖和蜂蜜放入調理盆中，以攪拌機高速攪拌。

9 持續攪拌 2 分鐘至顏色呈接近白色的乳白色，麵糊滴落時會有明顯痕跡。

10 將過篩低筋麵粉、可可粉加進調理盆裡，輕輕用刮刀往上攪拌。

11 用刮刀刮過調理盆的內側，避免粉末殘留。

12 奶油微波加熱融化後，與黑巧克力 A 倒入調理盆中快速攪拌。

13 再放入壓碎的黑巧克力 B 輕輕攪拌。

入模烘烤

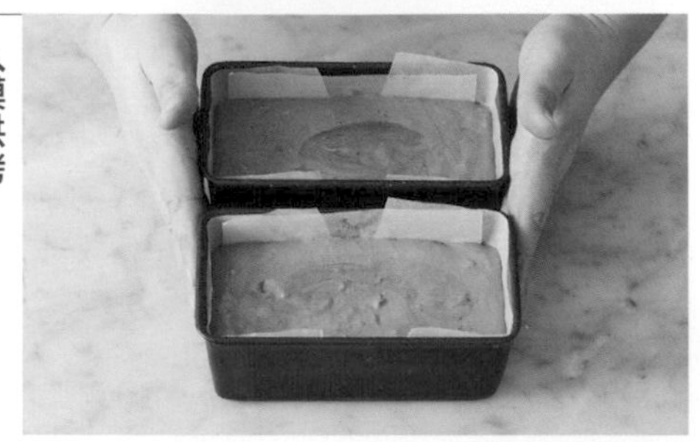

14 在兩個烤模裡鋪好烘焙紙，各倒入一半的麵糊。讓麵糊表面變平整後，將烤模往桌面輕輕敲一下去除氣泡，放入預熱到 185℃的烤箱，以 165℃的溫度烤 30 分鐘。

15 烤好後將烤模往桌面敲幾下使熱氣散出，再將蛋糕脱模靜置冷卻。

16 趁熱將蛋糕表面塗滿黑巧克力甘納許（蛋糕底部除外）。

Point 接著會用叉子劃出樹痕，因此塗得不平整也沒關係。

17 用叉子將甘納許往同一方向劃出樹痕。

Point 此步驟若操作時間過久，甘納許可能會凝固而變粗糙，需多加注意。

18 最後按照個人喜好放上馬林糖或撒上糖粉就完成了。

Pound Cake 19.

水果磅蛋糕

這道食譜是專為水果甜點愛好者們設計的特製磅蛋糕。
基本麵糊和濃郁的穆斯林奶油餡完美結合，無論想搭配哪種水果都很適合。
書中使用葡萄柚和白葡萄，各位也可以替換成自己喜歡的水果！

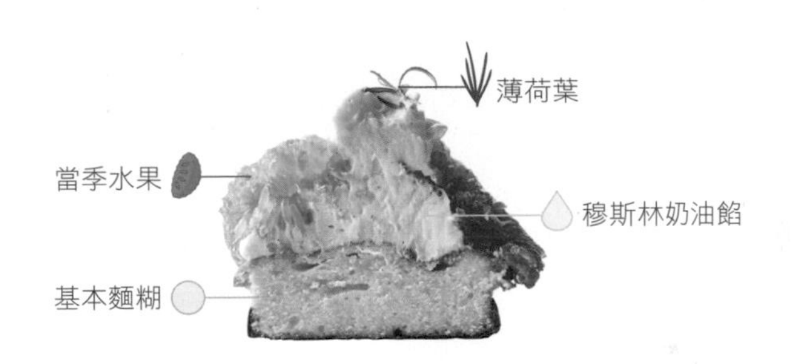

【材料】

基本麵糊
- 奶油 ········· 120g
- 糖粉 ··········· 85g
- 全蛋 ··········· 50g
- 蛋黃 ··········· 70g
- 杏仁粉 ······· 40g
- 低筋麵粉 ···· 80g

穆斯林奶油餡
- 蛋黃 ··········· 60g
- 牛奶 ········· 200g
- 香草莢 ······ 1 根
- 細砂糖 ······· 40g
- 低筋麵粉 ···· 10g
- 玉米粉 ······· 10g
- 奶油 ········· 200g

其他
- 免調溫黑巧克力 ············ 適量
- 當季水果 ·· 適量
- 薄荷葉 ····· 適量

【事前準備】
- 將奶油放在室溫軟化，直到用手指輕輕按壓，容易有凹陷仍保有微涼的狀態。
- 用刀將香草莢劃開，刮出裡面的香草籽。
- 將當季水果洗淨後去皮。
- 將烤箱的預熱溫度調整到比實際烘烤溫度高 20℃，並預熱 10 分鐘。
- 準備 2 個擠花袋及 2 個圓形花嘴。

【模具＆份量】 直徑 8cm、高 2cm 的塔圈 6 個

【保存方式】
- 冷藏：3 天
- 因含有新鮮水果，不建議冷凍保存。

製作穆斯林奶油餡

1 將事先取出的香草籽連同香草莢放入牛奶裡加熱，熬煮到邊緣沸騰冒泡後關火，取出香草莢。

2 將蛋黃放入調理盆中，以打蛋器輕輕攪拌。

3 加入細砂糖拌勻。

4 放入過篩的低筋麵粉、玉米粉後攪拌均勻。

5 加入步驟 1 的香草牛奶後攪拌均勻。

6 將步驟 5 的食材過篩後，再倒入湯鍋中加熱。

7 加熱至奶油餡變得濃稠後關火。

8 將奶油餡裝入調理盆、放進裝滿冰塊的大容器中，同時攪拌讓奶油餡快速冷卻。

9 將奶油餡鋪平後，用保鮮膜密封、隔絕水氣。

Point 這步驟結束後，即完成卡士達奶油。

10 將室溫奶油以高速輕輕攪拌，再分多次慢慢倒入步驟 9 的奶油餡拌勻。

11 富有彈性的穆斯林奶油餡就完成了。

12 將室溫奶油放入調理盆中，以攪拌機高速輕輕攪拌。

13 倒入糖粉以低速攪拌，避免糖粉飛散。

14 將蛋黃和全蛋液分 2 ～ 3 次倒入調理盆中攪拌。

15 倒入過篩的杏仁粉和低筋麵粉，用刮刀以切拌的方式攪拌。

16 用刮刀刮過調理盆的內側，避免粉末殘留。

17 裁剪出可包覆塔圈大小的鋁箔紙後鋪在塔圈下方，並在塔圈內側塗上一層奶油。

18 為了避免麵糊從塔圈下方溢出，先用鋁箔紙緊密包覆塔圈底部。

Point 若想讓磅蛋糕的高度更高，可以將烤盤布裁剪成比塔圈更高的方形，圍在塔圈內側再倒入麵糊。

19 將擠花袋裝上圓形花嘴並裝入步驟 16 的麵糊，將麵糊從中央往外繞圓擠入塔圈。

20 利用刮板將麵糊表面刮平，放入預熱到 185℃的烤箱，以 165℃的溫度烤 15 分鐘。脫模後放到網架上冷卻。

21 將免調溫黑巧克力微波加熱融化後，攪拌至沒有結塊。

22 將冷卻的磅蛋糕底部沾上黑巧克力。

23 將底部沾完黑巧克力的磅蛋糕放在烤盤布上，等巧克力凝固。

24 將擠花袋裝上圓形花嘴並裝入事先做好的穆斯林奶油餡，在蛋糕表面上擠出一座小山。

25 可以按照個人喜好，在奶油餡周圍放上不同水果作為裝飾。

26 輕輕按壓水果固定在奶油餡上，避免水果滑落。

27 將其餘的穆斯林奶油餡擠在水果上方就完成了，再放一片薄荷葉裝飾也很好看。

Pound Cake 20.

黑醋栗蒙布朗磅蛋糕

這款磅蛋糕是從烘焙課堂中最受歡迎的一道栗子磅蛋糕延伸而來。
香濃微酸的黑醋栗甘納許，被包覆在香甜柔順的栗子奶油中，
酸酸甜甜的雙重滋味，讓這道磅蛋糕的滋味和外觀都獨樹一幟！

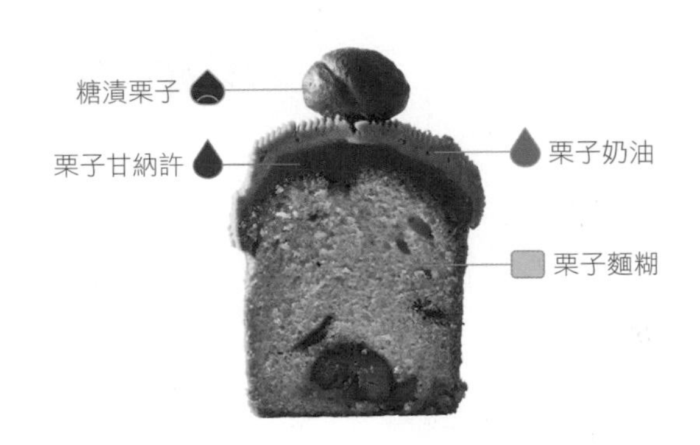

【材料】

栗子麵糊

- 奶油 ········ 200g
- 細砂糖 ···· 150g
- 全蛋 ········ 200g
- 低筋麵粉 ·· 130g
- 杏仁粉 ······ 60g
- 泡打粉 ········ 4g
- 糖漬栗子 ···· 80g
- 整粒糖漬栗子 ·········· 12 粒

黑醋栗甘納許

- 鮮奶油 ······ 35g
- 黑醋栗果泥 50g
- 白巧克力 ·· 140g
- 黑醋栗利口酒 ············· 10g

栗子奶油

- 栗子醬 ···· 240g
- 蘭姆酒 ······ 12g
- 奶油 ·········· 50g

糖漿

- 細砂糖 ······ 25g
- 水 ············· 50g
- 蘭姆酒 ······ 10g

其他

- 整粒糖漬栗子 ··········· 適量
- 食用金箔 ·· 適量

【事前準備】

- 將奶油放在室溫軟化，直到用手指輕輕按壓，容易有凹陷仍保有微涼的狀態。
- 將要放入麵糊裡的 80g 糖漬栗子切成適當大小。
- 在湯鍋裡加入細砂糖和水，熬煮到細砂糖融化後關火。放涼後倒入蘭姆酒，即完成糖漿。
- 將烤箱的預熱溫度調整到比實際烘烤溫度高 20℃，並預熱 10 分鐘。
- 準備 2 個擠花袋，1 個圓形花嘴及 1 個 895 編織花嘴。

【模具 & 份量】

15cm 長方形烤模 2 個

【保存方式】

- 冷藏：3 天
- 冷凍：2 週

製作黑醋栗甘納許

1 白巧克力微波加熱融化後，充分攪拌至沒有結塊。

2 將鮮奶油和黑醋栗果泥加熱至溫熱後，倒入步驟 1 調理盆中拌勻。

3 倒入黑醋栗利口酒充分混合。

4 將黑醋栗甘納許用保鮮膜密封、隔絕水氣後，靜置冷卻。

製作栗子奶油

5 將栗子醬、蘭姆酒和室溫奶油放入調理盆中，用手輕輕攪拌至沒有結塊。

6 利用刮板和調理盆內側，施力下壓讓奶油中的栗子顆粒更細緻均勻。

Point 如果奶油中的栗子顆粒太大，使用花嘴時可能會擠不出來或不漂亮。

7 將室溫奶油放入調理盆中，以攪拌機輕輕高速攪拌。

8 將細砂糖分 2 次倒入，同時輕輕攪拌。

9 將全蛋液分 2 ～ 3 次倒入攪拌均勻。

Point 若遇到麵糊油水分離，可以拌入一點杏仁粉吸收水分來解決。

10 用刮刀刮過調理盆的內側，避免麵糊殘留。

11 倒入過篩的低筋麵粉、杏仁粉、泡打粉，用刮刀由下往上拌勻。

12 加入切塊的糖漬栗子輕輕攪拌。

13 在烤模裡鋪好烘焙紙，將擠花袋裝上圓形花嘴並裝入麵糊，擠入麵糊至烤模高度的 1/3。

14 放上幾粒糖漬栗子。

15 再次擠入麵糊至烤模高度的 2/3。

16 用刮刀將麵糊的兩側輕輕往上推，將烤模往桌面輕輕敲一下去除氣泡。接著放入預熱到 185℃的烤箱，以 165℃的溫度烤 40 分鐘。

17 分別在兩個磅蛋糕表面放上一刮刀的黑醋栗甘納許。

Point 可按照個人喜好調整奶油量。

18 用抹刀將甘納許往同一方向塗抹均勻。

19 將蛋糕放進冷凍庫 20 ～ 30 分鐘左右，使甘納許凝固。

Point 要先冷凍凝固，才能避免之後擠上栗子奶油時與甘納許融合。

20 將擠花袋裝上 895 編織花嘴後倒入事先做好的栗子奶油，一條一條擠在甘納許上。

Point 至少要重複擠上兩層奶油，蛋糕切面才能清楚看見漂亮的栗子奶油。

21 將裝飾好的磅蛋糕成品冷凍 20 分鐘使奶油凝固。

Point 可按照個人喜好擺上整顆栗子和食用金箔作裝飾。

Pound Cake 21.

核桃磅蛋糕

從麵糊、奶油到裝飾都添加了香氣宜人的堅果，讓這款磅蛋糕充滿天然渾厚的堅果香氣！
用小尺寸矽膠模做出迷你的蛋糕體，將香甜酥脆的焦糖核桃斜放在蛋糕表層，
增添蛋糕的可愛俏皮氛圍。

【材料】

核桃麵糊

- 奶油 ……… 112g
- 細砂糖 …… 105g
- 核桃粉 ……. 30g
- 全蛋 ………… 90g
- 鮮奶油 ……. 36g
- 中筋麵粉 .. 150g
- 泡打粉 ……… 4g

核桃糖漿

- 細砂糖 ……. 50g
- 水 ………… 100g
- 核桃利口酒 20g

榛果奶油

- 奶油霜 …… 200g
- 榛果醬 ……. 40g

焦糖核桃

- 細砂糖 …… 200g
- 水 …………… 60g
- 核桃 ……… 200g

【事前準備】

- 將奶油放在室溫軟化，直到用手指輕輕按壓，容易有凹陷仍保有微涼的狀態。
- 參考 P58 步驟 1 ～ 4，以同樣方法製作要使用在榛果奶油的奶油霜。
- 在湯鍋裡加入細砂糖和水，熬煮到細砂糖融化後關火再倒入蘭姆酒，放涼後即完成糖漿。
- 將鮮奶油置於室溫下，退冰至室溫狀態。
- 參考 P184 食譜製作焦糖核桃。
- 將烤箱的預熱溫度調整到比實際烘烤溫度高 20℃，並預熱 10 分鐘。
- 準備 2 個擠花袋及 2 個圓形花嘴。

【模具＆份量】

12 格長方形矽膠烤模 SF026 1 個

【保存方式】

- 冷藏：3 天
- 冷凍：2 週

製作焦糖核桃

1 從事先做好的焦糖核桃中選出 12 顆漂亮完整的核桃靜置冷卻，預備裝飾用。

2 其餘焦糖核桃放涼後，放進食物處理機裡打碎。

Point 若一口氣攪拌太久可能會讓核桃粉結塊，因此每攪打幾秒就需停頓一下。

製作榛果奶油

3 將事先做好的奶油霜放入調理盆中，加入榛果醬。

4 用刮刀將榛果醬和奶油霜充分拌勻後，榛果奶油就完成了。

製作麵糊

5 將室溫奶油放入調理盆中，以攪拌機輕輕高速攪拌。

6 倒入細砂糖持續攪拌。

7 加入核桃粉後拌勻。

Point 也可以用食物處理機打碎熟核桃後過篩使用。

8 將全蛋液分 3 次倒入攪拌均勻。

9 將鮮奶油置於室溫下變溫後，分 2 次倒入攪拌。

10 加入過篩的中筋麵粉、泡打粉，攪拌直到沒有粉末殘留。

入模烘烤

11 將擠花袋裝上圓形花嘴並裝入麵糊，將麵糊擠入烤模。

12 將烤模往桌面輕輕敲一下去除氣泡，放入預熱到 185℃的烤箱，以 165℃的溫度烤 23 分鐘。

13 將出爐的磅蛋糕脫模，趁熱將蛋糕表面塗滿核桃糖漿。

14 等磅蛋糕冷卻後，將蛋糕表面塗滿榛果奶油。

15 把搗碎的焦糖核桃沾滿整個蛋糕。

16 將擠花袋裝上圓形花嘴並裝入榛果奶油，擠一小團在磅蛋糕上裝飾。

17 將裝飾用的整粒焦糖核桃固定在奶油上就完成了。

Pound Cake 22.

紅絲絨磅蛋糕

不添加人工色素，運用天然發酵的棕紅色紅麴，讓磅蛋糕呈現奢華的酒紅色。
用 100% 的紅麴米粉可以烤出自然的紅色，不過若想做出顏色更鮮豔的磅蛋糕，
也可以選擇使用添加食用色素的紅麴米粉來製作。

【材料】

米粉麵糊

奶油 ·········· 90g
細砂糖 ····· 150g
全蛋 ·········· 90g
牛奶 ·········· 12g
香草莢 ······ 1 根
低筋麵粉 ·· 212g
泡打粉 ········ 5g
100% 紅麴米粉 ·············· 20g
可可粉 ········ 5g
鹽巴 ············ 2g
酸奶油 ····· 200g

奶油起司

奶油起司 ·· 270g
香草莢 ······ 1 根
糖粉 ········ 105g
鮮奶油 ····· 150g
細砂糖 ······· 20g

【事前準備】

- 將奶油放在室溫軟化，直到用手指輕輕按壓，容易有凹陷仍保有微涼的狀態。
- 將奶油起司置於常溫下軟化。
- 將烤箱的預熱溫度調整到比實際烘烤溫度高 20℃，並預熱 10 分鐘。
- 準備 1 個擠花袋及 1 個 895 編織花嘴。

【模具 & 份量】

15cm 長方形烤模 2 個

【保存方式】

- 冷藏：3 天
- 冷凍：2 週

製作奶油起司

1 將奶油起司置於室溫下軟化後，放入調理盆中以攪拌機高速輕輕攪拌。

2 加入糖粉、香草莢取出的籽一起攪拌，以低速攪拌。

3 倒入鮮奶油、細砂糖，攪拌至 90% 都變成乳霜狀。

4 用刮刀刮過調理盆內側，並再次拌勻。

製作麵糊

5 將牛奶加熱後，加入香草莢和香草醬浸泡 10 分鐘。

6 將全蛋液、糖粉放入調理盆，用打蛋器混合均勻。

7 將室溫奶油放入調理盆中，以攪拌機高速攪拌。

8 加入過篩的低筋麵粉、泡打粉、紅麴粉、可可粉和鹽巴攪拌均勻。

9 用刮刀刮過調理盆的內側，避免粉末殘留。

Point 由於粉狀食材量很大，所以這裡不會形成一整團的麵糊。

10 將步驟 6 的食材分次倒入攪拌。

11 將步驟 5 的香草牛奶倒入充分攪拌。

12 倒入酸奶油拌勻。

13 用刮刀刮過調理盆的內側。

入模烘烤

14 在烤模裡鋪好烘焙紙，放入 380g 的麵糊，並將麵糊的兩側輕輕往上推。將烤模往桌面輕輕敲一下去除氣泡，放入預熱到 185℃的烤箱，以 165℃的溫度烤 30 分鐘。

15 將烤好的磅蛋糕往桌面敲幾下使熱氣散出再脫模，等蛋糕冷卻後將底部橫切成 1.5cm 的厚片，注意只需切一刀。

16 將擠花袋裝上 895 編織花嘴後倒入奶油起司，在底層的蛋糕面擠上一層奶油起司。

17 擠好後再疊上另一片蛋糕，靜置 20 分鐘等奶油起司凝固。

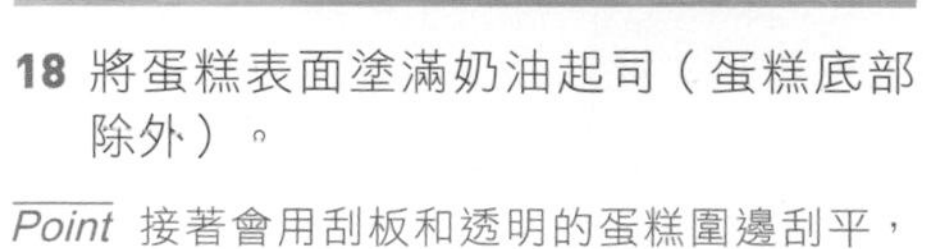

18 將蛋糕表面塗滿奶油起司（蛋糕底部除外）。

Point 接著會用刮板和透明的蛋糕圍邊刮平，所以擠得不太漂亮也沒關係。

19 用刮板將磅蛋糕四邊的側面刮平。

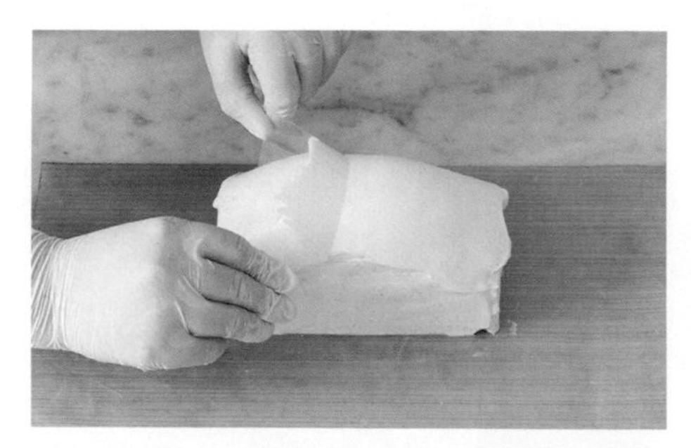

20 拿透明的蛋糕圍邊輕輕刮過蛋糕表面，讓奶油起司平滑包覆磅蛋糕，並呈現出圓頂形狀。

21 將裝飾好的磅蛋糕放進冷凍庫 20 分鐘，讓奶油起司凝固。

特別收錄

奶酥、淋面和糖霜等吸睛裝飾的做法，將在本章揭開神秘面紗！這些食譜不僅適用於磅蛋糕，也能與其他甜點結合，非常實用。除了增添風味和口感之外，還可以點綴外觀，大幅提升蛋糕成品的精緻度。

Recipe 01.

奶酥

綠茶奶酥

這正是南瓜磅蛋糕上面的漂亮綠茶奶酥！
一起送進烤箱，奶酥也不會變色，非常適合用來裝飾。

1 將室溫奶油跟其它食材全都裝進調理盆中。
2 如同製作麵糊般用手不斷搓揉，直到粉狀食材完全融合。
3 搓揉到質地呈現不軟不硬的狀態即可停止。
4 等它自然凝結成數個大、小顆粒的奶酥，就完成了。

【材料】

奶油 ………… 40g
細砂糖 ……. 30g
低筋麵粉 …. 50g
綠茶粉 ……… 5g
杏仁粉 ……. 30g

黃豆奶酥

黃豆奶酥擁有濃郁香氣！

適合用來搭配經典款或用黑芝麻、黃豆粉製成的磅蛋糕。

1 將室溫奶油跟其它食材全都裝進調理盆裡。

2 如同製作麵糊般用手不斷搓揉，直到粉狀食材完全融合。

3 搓揉到質地呈現不軟不硬的狀態即可停止。

4 等它自然凝結成數個大、小顆粒的奶酥，就完成了。

【材料】

細砂糖 ······· 30g

奶油 ··········· 40g

低筋麵粉 ···· 30g

高筋麵粉 ···· 20g

炒過的黃豆粉 ·············· 30g

杏仁粉 ······· 30g

肉桂奶酥

肉桂奶酥瀰漫濃郁的肉桂香，
製作時可按照個人喜好調整肉桂粉的量。

1 將室溫奶油跟其它食材全都裝進調理盆中。
2 如同製作麵糊般用手不斷搓揉，直到粉狀食材完全融合。
3 搓揉到質地呈現不軟不硬的狀態即可停止。
4 等它自然凝結成數個大、小顆粒的奶酥，就完成了。

【材料】

奶油 ………… 40g
細砂糖 ……. 30g
低筋麵粉 …. 50g
肉桂粉 ……… 2g
杏仁粉 ……. 30g

Recipe 02.

淋面&糖霜

抹茶淋面

抹茶淋面的色澤非常漂亮，搭配起來可以讓磅蛋糕更亮眼。
不同產地的抹茶風味也不大相同，可按照個人喜好挑選。

1 將白巧克力微波加熱融化後，倒入抹茶粉拌勻。
2 加入葡萄籽油充分攪拌。
3 再倒入融化的可可脂拌勻。
4 等完成的抹茶淋面降溫至 30℃左右即可使用。

【材料】

白巧克力 ·· 300g
濟州抹茶 ······ 5g
葡萄籽油 ···· 20g
可可油 ······· 40g

咖啡巧克力淋面

牛奶巧克力搭配香醇咖啡粉，結合出絕佳的咖啡巧克力淋面。
牛奶巧克力也可用黑巧克力等其他種類取代，
打造出符合個人喜好的巧克力淋面。

1 將牛奶巧克力微波加熱融化後，放入調理盆裡拌勻。

Point 這裡使用法芙娜（VALRHONA）品牌的牛奶巧克力。

2 加入葡萄籽油後拌勻。

3 放入融化的可可脂後攪拌均勻。

Point 這步驟結束後，即完成基本版的巧克力淋面。

4 再拌入咖啡粉，咖啡巧克力淋面就完成了。等完成的淋面降溫至 30℃左右即可使用。

【材料】

牛奶巧克力 ············ 200g
葡萄籽油 ···· 30g
可可脂 ······· 40g
咖啡粉 ········· 5g

樱桃淋面

擁有迷人粉嫩色澤的櫻桃淋面，是用濃縮櫻桃汁製作而成的。
也可以搭配磅蛋糕的設計，
使用其他水果果泥打造出繽紛的色澤和口感。

1 將白巧克力隔水加熱融化，充分攪拌至沒有結塊，再倒入融化的可可脂攪拌均勻。

Point 這裡使用法芙娜（VALRHONA）品牌的歐帕莉絲白巧克力。

2 加入葡萄籽油拌勻。

3 倒入濃縮櫻桃汁拌勻。

4 等完成的櫻桃淋面降溫至 30℃左右即可使用。

Point 倒入濃縮櫻桃汁後淋面會很快凝固，後續作業需要快速進行。

【材料】

白巧克力 ·· 300g
葡萄籽油 ···· 20g
可可脂 ······· 40g
濃縮櫻桃汁 30g

黃豆淋面

黃豆淋面非常適合搭配以亞洲食材製作的磅蛋糕。
使用炒過的黃豆粉能消除豆腥味，非常推薦！

1 將白巧克力隔水加熱融化，充分攪拌至沒有結塊，再加入黃豆粉拌勻。
2 加入葡萄籽油拌勻。
3 再倒入融化的可可脂拌勻。
4 等完成的黃豆淋面降溫至 30℃左右即可使用。

【材料】

白巧克力 ·· 300g
炒過的黃豆粉 ·············· 30g
葡萄籽油 ···· 20g
可可脂 ······· 40g

薰衣草糖霜

不會過度浮誇的薰衣草糖霜，擁有神祕誘人的獨特魅力。
搭配無花果甜點十分合適，
除薰衣草外，也可按照喜好使用其他草本茶。

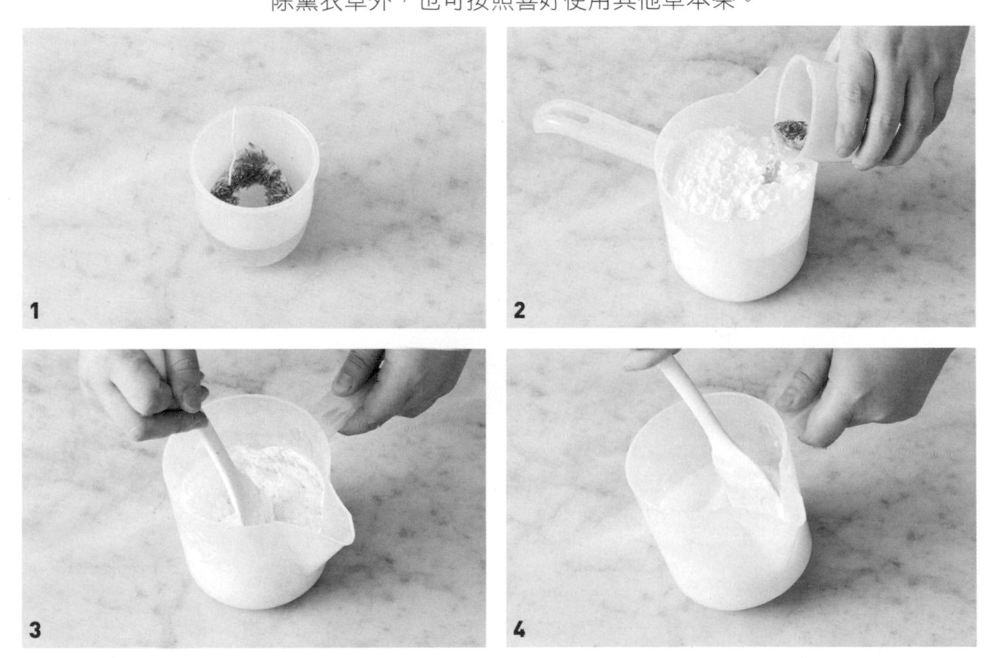

1 在熱水裡泡一包薰衣草茶包。
2 將步驟 1 的薰衣草茶加進糖粉裡。
3 充分拌勻。
4 攪拌至粉末完全融合即可使用。

【材料】

水 …………… 25g
薰衣草茶包 1 包
糖粉 ……… 100g

檸檬糖霜

檸檬糖霜的味道十分清爽。

除了磅蛋糕之外，也可用來製作檸檬週末蛋糕（Weekend Cake）等各式甜點。

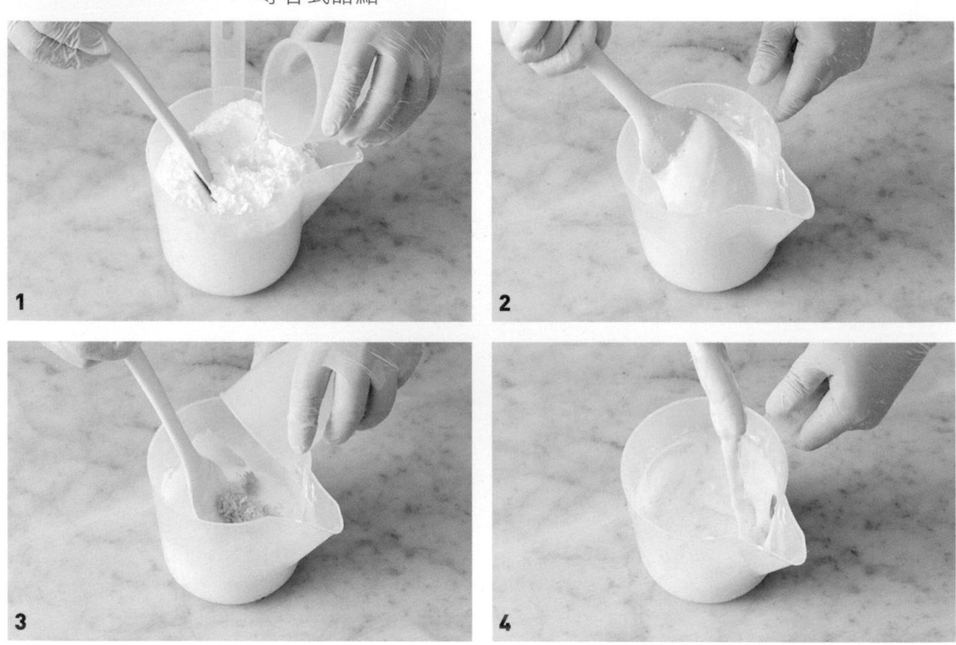

1 將細砂糖和檸檬汁充分混合。

2 攪拌均勻。

3 加入檸檬皮屑後拌勻。

4 圖片為檸檬糖霜完成的狀態。

【材料】

細砂糖 ····· 200g
檸檬汁 ······· 40g
檸檬皮屑 ······ 3g

Recipe 03.

焦糖核桃

可作為裝飾，也可參考 P160 以食物處理機搗碎後使用。
焦糖核桃同時擁有堅果、焦糖香氣及酥脆口感，適合各種甜點。
也可用榛果或杏仁代替。

1 在湯鍋裡加入細砂糖和水，熬煮到細砂糖融化後放入核桃，一邊攪拌避免燒焦。
2 持續加熱的話，細砂糖會呈現白色結晶狀。
3 繼續加熱攪拌，直到結晶砂糖再次融化、變回褐色。
4 關火後，將焦糖核桃鋪在烤盤布上冷卻。

【材料】

細砂糖 ····· 200g
水 ··············· 60g
核桃 ········· 200g

Recipe 04.

馬林糖（蛋白霜餅乾）

馬林糖經常擔任各種甜點的裝飾要角。
如同本書食譜所寫的，可運用不同花嘴做出各種形狀，
也可壓成薄薄的扁平狀再自由切割使用。

1 在蛋白裡倒入部分的細砂糖，以低速攪拌。
2 均勻攪拌至蛋白表面的大氣泡消失。
3 等產生不透明的白色泡沫時，慢慢加入其餘細砂糖並持續攪拌。
4 攪拌痕跡越來越明顯時，將質地穩定的蛋白霜往上提。
5 使用各種不同的花嘴或刮板，按照個人喜好與需求做出想要的形狀。
6 以 100℃的溫度烤 90 分鐘，直到質地變乾燥就完成了。

【材料】

蛋白 ………… 90g
細砂糖 ……. 90g

Recipe 05.

芝麻餅

以亞洲食材製作的甜點，很適合使用芝麻餅作為裝飾。
也可用杏仁片、椰子、核桃等食材取代芝麻來製作。

1 在調理盆裡加入蛋白，以打蛋器輕輕拌開後，將細砂糖分為 2 次倒入並一邊攪拌。
2 蛋白充分打勻後，倒入低筋麵粉和鹽巴繼續攪拌。
3 將融化奶油加進去攪拌。
4 再將芝麻加進去攪拌。
5 將完成的麵糊倒在烤盤布上鋪平。
6 用刮板將麵糊鋪成薄薄一大面，以 165℃的溫度烤 8 ～ 10 分鐘，等冷卻後再使用。

Point 出爐的芝麻餅可以趁熱用刀子切成需要的形狀，或是等芝麻餅放涼後用手剝成自然的形狀。

【材料】

蛋白 ………… 75g
細砂糖 ……… 60g
低筋麵粉 …… 30g
融化奶油 …… 35g
芝麻 ……… 120g
鹽巴 …………… 1g

磅蛋糕 Q&A

在教授磅蛋糕課堂中最常被詢問的問題，一併提供給所有讀者參考。

Q 磅蛋糕都沒有膨脹起來，成品扁扁的怎麼辦？

A 有些食譜本身的設定，就是刻意讓磅蛋糕出爐時呈現扁平而非膨脹的狀態。不過如果食譜不是這樣設定，做出來的磅蛋糕卻扁扁的，可能是因為奶油溫度太低，導致沒有充分包覆足夠的空氣，或是使用了過度融化的奶油，麵糊才無法充分膨脹。如果是在溫度很低的冬天室溫下，室溫奶油和雞蛋建議要充分打發補足空氣量。

Q 烤好的磅蛋糕側面塌陷，變得皺皺的。

A 磅蛋糕出爐時，如果尚未脫模、讓蛋糕連同烤模一起冷卻，可能因熱氣無法散去而造成側面塌陷。蛋糕烤好後，先立即將蛋糕連同烤模一起往桌面敲打 1 ～ 2 次，使麵糊和烤模分離、熱氣散出，蛋糕就不會收縮了。
此外，若蛋糕烘烤時間不夠長、蛋糕不夠熟，也有可能造成蛋糕塌陷。建議各位可以看食譜標示和家裡烤箱的狀況，仔細確認烘烤的時間。在烤蛋糕的過程中用竹籤戳戳看是否有沾黏的情形，藉此進一步確認，也是一個不錯的方法喔！

Q 麵糊變得軟軟爛爛，產生油水分離的現象。

A 如果使用的奶油或放進麵糊裡的食材太冰，有可能造成麵糊油水分離。若將油水分離的麵糊放進去烤，因為油的部分沒有完全融合，會導致出爐的蛋糕口感過於鬆軟。特別是食材中有雞蛋、牛奶、鮮奶油、原味優格等水分含量高的食材時，建議要提早把這些食材置於室溫下，讓食材回溫後再加進麵糊裡。遇到麵糊油水分離的狀況時，可以添加低筋麵粉、杏仁粉的粉狀食材到麵糊裡攪拌，或添加大豆油、葡萄籽油等油類進去攪拌，藉此補救麵糊油水分離的狀況。

Q　副食材都跑到麵糊底部了，怎麼會這樣……

A　若在磅蛋糕麵糊裡添加水果乾等體積較大的副食材，有可能會出現因副食材過重而沉到麵糊底部的情況。這時可以在副食材表面裹上一點麵粉，或將副食材切得更小塊一點，這樣就能避免加進麵糊後沉到底部的情形發生。此外，如果麵糊攪拌得太久，也可能會出現副食材往下沉的問題，建議可以等到麵糊攪拌的最後一個步驟再添加副食材，最後輕輕攪拌一下即可結束。

Q　為什麼磅蛋糕在烤完的隔天吃，會比起烤完當天更好吃呢？

A　磅蛋糕本身含有許多細砂糖，細砂糖本身不僅扮演著「賦予甜味」的角色，更具備能「吸收水分」的特性。因此磅蛋糕出爐後時間過得越久，磅蛋糕會變得越水潤。比起烤完當天立刻食用，將磅蛋糕密封後過 1 ～ 2 天再食用，吃起來更美味！

Q　想把磅蛋糕切得漂亮，真的很難耶！

A　建議使用容易運刀的刀子來切磅蛋糕。根據我個人的經驗，如果沒有額外塗抹甘納許或奶油、單純用麵糊製成的磅蛋糕，我會使用鋸齒麵包刀用鋸的切法下刀。至於有塗抹甘納許或淋上淋面的磅蛋糕，我則會先將刀子加熱再切，可以切得比較乾淨俐落。與其在磅蛋糕出爐的當天就立刻切割，將磅蛋糕密封保存 1 ～ 2 天，使水分均勻布滿磅蛋糕時再切，比較不會出現太多碎屑，能夠讓切面更乾淨喔！

Editor's Pick

POUND CAKE

去年 10 月出版的《達克瓦茲》是本書作者張恩英在 The Table 出版社的第一本作品，對我們編輯團隊而言，這本書意義深遠且珍貴。《達克瓦茲》一書出版後，在韓國和台灣都登上暢銷書排行榜，受到國內外眾多讀者的青睞，真心滿懷感激。

《達克瓦茲》出版經過一年的時間，第二本出版品也隨之推出。這次出版第二本作品的用意有別於前一本書，《達克瓦茲》主要是寫給設計咖啡廳甜點菜單的甜點師、或是想在家享受美味甜點的讀者，結果也得到廣大迴響。而我們在企劃第二本書時，比起原本就擁有烘焙實力的讀者們，更想提供一本適合烘焙新手，同時也能提供那些想為咖啡廳增添新菜單的讀者一些參考的靈感，希望本書能幫助大家更輕鬆簡單、毫無負擔地做出美味的甜點。

從只要將少許食材拌入麵糊烘烤即可出爐的簡單食譜，一直到甜點專門店菜單裡才能看見的「手作奶酥」或「淋面裝飾」，本書盡可能收錄了各種多樣化的食譜。即使是不太熟悉的烘焙新手，只要按照本書的教學，也可以從「磅蛋糕三大基本技法」開始循序漸進地練習，實力一定會大幅提升，進而邁入能自由搭配食材和口味來烘焙的境界！當然對於已經很熟悉烘焙的老手們，也可以在本書找到您想嘗試的創意食譜，按照相同的步驟，或者研發出自己專屬的方式來製作甜點。

無論是步驟簡單的食譜，或相較之下更繁複的食譜，我們都希望各位能藉由每一個獨特的磅蛋糕，沉醉於烘焙的趣味和魅力之中。就像張恩英老師所說的，我們也希望閱讀本書的每位讀者，都能擁有一個充滿創意，但有點亂的廚房。

我們是一間小出版社，張恩英老師卻依然願意再度與我們攜手合作，真心獻上感謝！憑著這微不足道的少少幾頁，無法完全表達我們對老師的感激，但相信我們真誠的心意會傳達給老師的！每次見到老師，腦中總會想起老師說過：「清晨的時間非常適合用來做甜點！」老師平常應該忙到沒有空檔休息，卻總是毫不改變地用心經營咖啡廳和課程。看到老師這麼努力，我們也學習到老師的敬業精神。相信之後去到「張老師咖啡廳」拜訪的客人以及閱讀本書的讀者們，肯定會感受到店裡的甜點所蘊含的滿滿溫暖心意。

最後，手腳動作快到令人吃驚的復仇者聯盟團隊——朴成英攝影師、李華英食物造型師，在此也想對他們表達真摯的感謝。還有即使行程滿檔，依然仔細、精確幫忙製作漂亮書籍的金寶羅設計師，在此也獻上真誠的感謝！

2019 年 11 月 The Table 計畫編輯團隊全體

台灣廣廈 國際出版集團
Taiwan Mansion International Group

國家圖書館出版品預行編目（CIP）資料

磅蛋糕（剖面全圖解）：傳統經典烘焙×絕美韓系裝飾，運用3種混合技法，在家做出23款創意口味 / 張恩英作；余映萱譯. -- 初版. -- 新北市：台灣廣廈, 2021.01
面； 公分
ISBN 978-986-130-478-6（平裝）
1.點心食譜

427.16　　109017938

磅蛋糕【剖面全圖解】

傳統經典烘焙×絕美韓系裝飾，運用3種混合技法，在家做出23款創意口味

作　　者／張恩英
譯　　者／余映萱
編輯中心編輯長／張秀環
封面設計／何偉凱・**內頁排版**／菩薩蠻數位文化有限公司
製版・印刷・裝訂／東豪・弼聖・秉成

行企研發中心總監／陳冠蒨
媒體公關組／陳柔彣
綜合業務組／何欣穎
線上學習中心總監／陳冠蒨
數位營運組／顏佑婷
企製開發組／江季珊、張哲剛

發 行 人／江媛珍
法律顧問／第一國際法律事務所 余淑杏律師・北辰著作權事務所 蕭雄淋律師
出　　版／台灣廣廈
發　　行／台灣廣廈有聲圖書有限公司
地址：新北市235中和區中山路二段359巷7號2樓
電話：（886）2-2225-5777・傳真：（886）2-2225-8052

代理印務・全球總經銷／知遠文化事業有限公司
地址：新北市222深坑區北深路三段155巷25號5樓
電話：（886）2-2664-8800・傳真：（886）2-2664-8801
郵政劃撥／劃撥帳號：18836722
劃撥戶名：知遠文化事業有限公司（※單次購書金額未滿1000元需另付郵資70元。）

■出版日期：2021年01月
ISBN：978-986-130-478-6
■初版4刷：2024年03月